最短で収益を得るためのGoogleアドセンス攻略ガイドブック

古川英宏

技術評論社

著者インタビュー

会社員時代に雇用され労働することに疑念を持つ。自分の力だけで生活できる収益を得ることを模索し、2013年によくわからないままGoogleアドセンスを始める。2014年から真剣に勉強を開始し、収益化に成功する。2017年から「Googleアドセンスで叶えたい未来を叶える」をコンセプトに、収益化のための情報発信やサービスを開始。現在はGoogleアドセンスで収益を得ながら、オンラインセミナーやコンサルティングの講師業をメインに活動中。京都府在住。

物を販売しなくても収益が得られるお手軽さ

――Googleアドセンスを始めたきっかけは何ですか?

私は以前会社に勤めていたのですが、病気にかかってしまい仕事を続けられる自信がなくなってしまいました。そこで、インターネットビジネスで収益を得られる仕事をしたいと考えました。実は最初はアフィリエイトをやっていたのですが、うまくいかずに一旦インターネットビジネスから離れたんですよ。

ですが、もう一度チャレンジしたいと思い、そのときのインターネットビジネスの流行りをいろいろ調べました。2013年にGoogleアドセンスと出会い、物を販売しなくても広告がクリックされるだけで収益を得られるというGoogleアドセンスのお手軽さに魅力を感じました。それが自分に合っており、運用を続けていくうちに収益化に成功したので、このまま継続して行っていこうと思いました。

Googleアドセンス総合専門家古川英宏
https://suzunoneiro.com/
著者のホームページ。記事のほかにも、著者が行っているコンサルやセミナーの情報も見ることができます。

——現在はどのようなサイトを運営していますか？

現在は雑多ブログといわれる、特化型ではないブログを運営しています。あまりアクセスアップを狙わずに、記事数が少なくても運営できることが特徴です。現在では、安定した収益が入っております。つまり資産化したブログをメインにしています。このブログは4年間継続して更新をしております。過去にはすでにやめたブログもありますが、ほかにも「病気系ブログ」「アイドル系ブログ」「アクセスアップのために立ち上げたテスト用ブログ」の3つのブログ運営しています。しかし、現在では記事の更新はしていません。ですが、こちらも収益も少しですが発生しています。

——Googleアドセンスを利用していて「ここがよい」と思った点は何ですか？

初心者に対して敷居が低い点ですね。とくに私がよいと思っている点は、しっかりとしたノウハウで運営をすると大きなアクセスが集まるので、アクセスさえ集まれば収益が落ちないという部分です。アクセスに比例して収益につながりますからね。あとは、何かを売ったりをしないので、セールススキルがまったく必要ありません。また、ブログ運営はブログの資産化が可能なので、労力がかからないことです。

——Googleアドセンスを利用するうえで「気を付けている」点は何ですか？

やはりプログラムポリシーや禁止コンテンツは必ず気を付けています。また、Googleの評価がよくないコンテンツは極力作らないようにしています。ほかにも、画像などを使う際には、著作権にひっかからないようにすることはつねに心がけています。

昔は、「ここはこれくらいでも大丈夫かな?」と思って、プログラムポリシーにひっかかるスレスレのラインで記事を書くこともありましたが、今では一切していません。自分では「大丈夫」と思っても、Googleがどう判断するかわからないので、そのような記事は書かないですね。

アクセスを安定させるようなブログ運営に変更

——現在も収益は安定していますか?

現在もGoogleアドセンスでの収益は安定して発生しています。また、私の場合はそれ以外にGoogleアドセンスのセミナーやコンサルでの収益も上げています。

大きな収益額を達成すると、「それ以上の額を目指そう」と考える人もいるかと思いますが、私は逆にそれ以上の額は目指さなくなりました。その月に大きな収益額になっても、翌月に収益が減ってしまい、半額以下になってしまうのはよくないですよね。精神的にも焦りがでてきてしまいます。

そのため、アクセスを集めることではなくて、「アクセスを安定させる」「資産化できる」ようなブログ運営に変えていきました。

大きい収益になったときは、芸能系やシーズンネタの記事を中心に書いていました。当時は9月だったので、秋ドラマのネタの記事なんかも書いていましたね。9月は新しいドラマが始まる時期なので、ドラマ好きな読者の方が非常に気になっているネタ選びができていたのだと思います。

——サイト作りのこだわりは何ですか?

デザインは背景を白にするなど、目に痛くないデザインにこだわっています。黒などは目に痛いので使いません。私のどのブログでも同じですが、できるだけシンプルにしています。あまりごちゃごちゃしていろいろなところに目が行ってしまうと、アドセンス広告

著者の実際のブログ記事。背景が白で目に優しく、余計なものは置かずに、シンプルなデザインとなっています。

の効果が少ないですからね。

私は、完成したブログを見て自分自身で「これはシンプルだ」という判断をしています。やはり自分でシンプルだと思わないサイトは、結局シンプルではないんですよ。自分のシンプルという観点でサイトを作成しています。

——記事を書くときに気を付けている点は何ですか？

来ていただいた読者に納得していただいて、満足してもらえるような記事づくりを心がけています。せっかく記事を見てもらったのに「意味がなかった」と思われて、離脱率が高いようなブログ運営はしていないですね。Googleからのペナルティにもつながりますから。

解決できるのであれば、しっかり説明します。曖昧な情報であっても「あ、そうか」と思われるような納得感が重要です。過去のデータを用いたり、「今はわからないけどこうなるかもしれない」などの予想を書いてみたりもしていますね。

最近はスマホからブログを見てもらうことも非常に多いので、改行や段落幅も気にしています。読みにくい文章は長すぎず短すぎず、とくにスマホに合わせた記事を作成しています。やはりこの部分は昔とは変わってきています。

毎日継続して記事を書くことが重要

——現在はどのくらいの頻度で記事を書いていますか?

現在では、月に5～7記事の頻度で書いています。というのも、現在私が運営しているアドセンスブログでは、安定して収益を得ることができているからです。もちろん、私もはじめのころは1日に1記事以上を書くことを心がけていました。ちなみに、私が直接コンサルしている生徒には、「毎日3記事を書く」ように指導しています。やはり毎日継続して書くことが非常に重要だと思います。アクセス数が安定さえしてしまえば、毎日記事を書かなくても収益が発生しますから。

——1日の作業時間はどれくらいですか?

今現在では、コンサル生の指導・記事の添削をしているので、記事を書かない日のほうが多いですね。先ほどもいいましたが、私のアドセンスブログは、すでに安定して収益を得ることができているので、記事を書かない日があってもとくに問題はありません。

もちろんよいネタがあったりした場合は、記事を書いて更新をします。また、気が向いたときや時間があるとき、ほかの仕事をしていて詰まったときなどにも更新するように心がけています。

1日1記事ペースで考えると、2～3時間作業すれば、遅かれ早かれ続けていた成果は出ると思いますね。私は1日に「3

個人コンサルティング

おすすめしたい人はこんな方!

- Googleアドセンスをしているけど、アクセスがさっぱり!
- Googleアドセンスで収益化できそうにない!
- 私のブログの書き方はこれであってるのか不安で仕方がない
- 困っているときにいつでも相談して解決してくれる人が欲しい!
- 私のブログを収益化できるように導いてっ!

著者のコンサルティングページ
https://suzunoneiro.com/consulting-personal/
まったくのGoogleアドセンス初心者であっても、たくさんの人たちを短期間で安定的な収益化に成功させています。

時間」作業に費やせば成果は出ると考えています。

初心者はインターネットに頼らないネタ探しを

——記事のネタ探しやキーワード選定のコツはありますか?

インターネットのみで探さないというのがいちばんですね。というのも、ライバル皆がインターネットからネタ探しをしているからです。たとえば「Yahoo!ニュース」「Twitter」などですね。ここは非常にライバルが多いです。とくにTwitterは流れが速いので、初心者には難しいかと思います。あとは、リアルタイム(速報)ネタも、情報を追っていくのがだんだん辛くなってくるので、初心者向きではないですね。

私はインターネットに頼らないネタ探しをすればかんたんだと思っています。たとえばテレビです。むしろテレビがメインだと考えています。「エンタメ系のネタ」だったら、エンタメ情報の番組などを見て、それを記事にすればよいので、初心者にもお手軽です。

ほかには、未来ネタなども意識していますね。未来ネタとは、遠い未来の話ではなくて、近々起こるネタのことです。たとえば、テレビ番組表を見て、明日や明後日のテレビ番組の記事を書いたりします。ほかにはシーズンネタですね。たとえば、ハロウィンやクリスマス、お祭り、花火大会などです。このようなネタは初心者でも記事が書きやすいと思います。

ちなみに私は現在では、習慣で番組を年間でリスト化しています。「この時期にはこの番組の特番がある」「この時期にはこの番組が始まる」というような形で、目途を立てています。たとえば3月、6月、9月、11月は新作ドラマネタを仕込むといったような形ですね。あとは3月と9月は朝ドラマも始まるので、こちらもチェックしています。

ネタは多くの人が見てないところから探すのはもちろんなのですが、初心者のキーワード選定は「関連キーワード」「サジェストキーワード」から探すほうがよいかと思います。「連想キーワード」は博打要素が多いので、非常に難しいです。当たれば大きいですが、ほとんどがはずれてしまうのが「連想キーワード」だと私は考えています。

キーワード選定に慣れてきて、実力がついてくれば、自ずと「このキーワードだったらアクセスが来る!」という予想ができるようになりますが、初心者には難しいかと思いますね。

ネタ探しやキーワード選定で、最近皆様の視野が狭くなっていると感じています。私は普段から興味がないことでも首を突っ込んでみたりしてます。そこから新しい発見が見つかることも多いので、見逃したくないのですよ。

あとは、過去にアクセスが集まった記事をヒントに、ネタやキーワードを探したりもしますね。「過去にこのようなネタはアクセスが集まったから、このネタもそうかもしれない」という予想ができますから。

Googleからの警告はその通りに直せば問題ない

――過去にしてしまった失敗はありますか?

やはり独学でやろうとしたことですね。何もわからずに記事を書き始めるのは、やはり難しいです。あとは、プログラムポリシーを確認し損ねてGoogleから警告が来たことですね。

でも、警告自体はそこまで恐れるものではないですよ。警告どおりに記事を直して報告すれば、それで大丈夫ですから。

私の知り合いでは、広告停止になってしまった方もいます。ニュースで仕入れたネタの「暴力」や「児童ポルノ」コンテンツを書いてしまったことが原因です。本書でも禁止コンテンツについて触れているので、絶対に確認していただきたいですね。

Googleからの警告は必ずしも来るわけではないです。なかには「警告が来ないで一発で広告停止」ということもありえます。絶対にプログラムポリシーは準拠して、アドセンスブログを運営してください。

ほかには、Googleアドセンスを始めた頃はなかなかアクセスが集まらなかったことですね。実は、始めてから2カ月間なかなかアクセスが集まらなかったので、一度アドセンスをやめた経験がありました。そのあと、アドセンスについて勉強をし直しました。やはりノウハウがないと運営が難しいと実感しました。本当に独学では難しいです。私の場合ですと、コンサルを受けましたね。人に教わったほうが身になると考えたんですよ。

過去にはニュース系ネタも書いてましたが、アクセスが集まりませんでした。やはりライバルが多そうなネタは厳しかったですね。

――Googleアドセンスで困ったことはありますか?

手動ペナルティを受けたことです。あれはへこみましたね。検索エンジンに表示されなくなってしまうので、これはほんとうに困ります。表示されないということは、アクセスが減ってしまうということ。つまり、収益にならないということですから。

あとはブログが真っ白になってしまったことですね。原因はプラグインのエラーです。サイトのデザインが崩れてしまったときなども困ります。収益とは関係ない部分ですが、デザインにはこだわりを持ってますので。

アクセスが頭打ちになって収益が増えなくなったときも困りましたね。月3万円の収益まで伸びたんですけど、以降は記事を書いても書いてもなかなかアクセスが上がらないという悪循環に陥ってしまいました。Googleアドセンスのノウハウを復習しなかったことが原因だと思います。

結局のところ、自分でわかったつもりでいて、視野が狭くなってしまい、キーワードを当てはめて記事を書いていたことが原因ですね。ネタ探しやキーワード選定でもお話しましたが、視野が狭くなると収益をあげることが難しくなります。

アクセントを付けて、読者を飽きさせない記事作成

――スマホやタブレットに対応した記事作りで意識している点はありますか？

やはり、改行と段落、あとは装飾を意識していますね。装飾を付けると読み飛ばしされにくくなるのですよ。実際、真っ黒な字ばかりだと読まれないのです。私自身も読むのが嫌になってしまいます。

あとは同じ調子で続いている記事も読みづらいですね。たとえば、3行ずつ続いている記事なども読むのが嫌になってしまいます。やはり自分で読むのが嫌になる記事にはしないようにしています。

ほかにも画像を使ったり、箇条書きを使ったりもしています。ポイントや重要なことは四角で囲んだりして、読みやすさを工夫しています。

つまり、アクセントを付けて、読者を飽きさせないことです。文字ばかりを読んで疲れた読者の目を、画像を入れることにより休ませてあげたりすることを意識しています。

昔から、記事上と記事下への広告配置が効果的といわれてきました。そのため、記事中に広告を配置することは意識していなかったのです。しかし、それは「パソコンから見る場合」という意見です。

あるとき、記事中にも広告を置いてみたらクリック率が上昇したんですね。それで、読む人がうっとうしいなどではなくて、クリックしてもらえることのほうが重要だと気付き、記事中やサイドバーにも広告を置くようにしました。

ZやFの法則を見直したときに、サイドバーの広告はスマホで見ると全部下に行ってしまうので、意味がないと思っていました。しかし、30%くらいはパソコンで記事を見る人もいるので、その人たちのために大きな広告を置くことにより、クリック率が上がりましたね。そういうこともあったため、広告のクリック率の検証はしっかり行うようになりました。

何故アドセンスを始めたのかという目的が大事

――記事を書くモチベーションを保つ秘訣は何ですか?

「目的」をしっかりと持ってほしいです。何故アドセンスを始めたか、という初心に戻るべきだと思います。何かやろうと思ったときは何か目的があります。ただお金が足りていない、でも我慢できる。そのような場合はアドセンスはやらないと思います。たとえば、「月3万でも自分の収益にプラスにしたい」という目的からアドセンスやることもあると思います。

興味本位でアドセンスを始めた方は続かないんですよね。やはり目的が大事になります。主婦の方がパートの代わりに収益にしたい、会社の副業にして自分のお小遣いを確保したい、ご年配の方でしたら年金の足しにしたい、などさまざまな思いがあるかと思います。それがアドセンスを始めるきっかけ・目的です。でも、目的がお金稼ぎに変わってしまうとモチベーションが下がっていってしまいます。そして、結局アドセンス自体を辞めてしまうんですね。絶対に初心を覚えていてほしいです。

私が思うには、皆様には叶えたい未来があるからこそお金が欲しい、つまり目的があるからお金が欲しいということなんです。叶えたい未来が叶ったらどうなるのか、ここを意識してほしいです。

モチベーションという意味では、「パソコンが開けない」「ブログが書けない」などもあるかと思いますが、何故それができないのかを自分に聞いてあげるべきだと思います。

たとえば、「記事が書けない」→「なぜ書けない?」→「パソコンの前に座っていないから」などですね。「記事を書くのに時間がかかる」→「なぜ遅いのか?」→「タイピングが遅いから」という人がいたとします。この場合、タイピングが速くなれば問題ないですよね。それではタイピングが速くなるように練習しましょう、などの原因があるんですよ。つまり、その原因を潰して解決すればいいんです。原因を追究することが大事です。

ほかには、作業の「見える化」をしましょう。私は、「カレンダーに1日に書いた記事数」を書いていました。1週間に○個の記事を書くというノルマを課して、それを達成できたかどうかをしっかり付け、カレンダーを真っ黒にするのが楽しみでした。結果、これがモチベーションにつながっていました。

私は目的とモチベーションが釣り合わない、モチベーションが上にならない場合はやる意味がなくなってしまうと考えています。本書にも書かせていただきましたが、「日給5千円のバイトがあったらやりませんか?」この言葉の意味もモチベーションを保ってほしいという意味があります。

しかし、結局は自分自身ですからね。「お金が欲しい、でも現状維持でもいい」そういう人は非常に多いです。現状維持でもいい、つまりプラスアルファを求めていない、だからモチベーションが下がるということもあります。そもそも現状維持で問題ない人は、モチベーションが問題ではないのです。

結局のところ、モチベーションを保つには「何のためにやっているか」という目的をイメージしてほしいですね。そして継続して記事を書き続けるということは、自分を信じて作業できるかどうかです。ブログで収益化ができるのかどうか疑心暗鬼になってしまうのは、モチベーションが下がってしまう原因ですね。そこで信じて続けることが非常に大事になるかと思います。

自分の目標に対してどうやって自分を信じられるか、やる気を持って継続できるかどうかが重要です。私の場合は、「病気だったので、家でできる仕事をしたい」という目的があったので続けられましたね。

――今後Googleアドセンスがどのようになっていくと思いますか？

自分だけの収益のために運営しているブログはだめになっていくと思います。Googleは価値のあるコンテンツを求めているので、ほかの人に役に立つ記事が生き残っていくでしょう。200～300文字などのブログ記事はどんどん消されていっているのが現状です。しっかりとした記事でも、人の役に立ってない記事はだめですね。また、専門性のない記事もきつくなってきています。

つまり、Googleが価値のある記事だと判断したものだけが残っていくということです。また、アドセンス審査も厳しくなってきているので、誰でも広告を貼れるという時代でもなくなってきています。

Googleも広告主も商売なので、Google、広告主、ユーザー、読者の四者がイーブン、つまり対等な関係でいることが重視されていくではないかと思います。四者にとってよいコンテンツでないと、だめになっていくことは目に見えています。事実、「アクセスをどかんと集めて収益化しましょう」というアドセンスブログは減っていっていますね。

一回読んで終わりではなく、何度も読み返す

――Googleアドセンスに挑戦する読者に一言お願いします。

本書のノウハウで収益化はできると私は信じております。あとは、一回読んだら終わりではなく、何回も読み直していただきたいですね。

わからなかったらそこを見る、つまづいたら読み返す、ということをしていただきたいです。たとえば、キーワード選定でつまづいたら、キーワード選定のページを開いていただければ、コツが書いてありますので、ぜひ困ったときにお役立てください。

ネタ探しやキーワード選定は何回もやる作業なので、何回も読み直していただき、いちばんよい方法を探してほしいです。

審査についても、審査だけでなく、審査以外の大切なことも書きましたので、ぜひ読んでいただきたいですね。収益化の近道になるかと思います。

読者の皆様のアドセンスブログの運営に役立ち、収益化の助けになるよう執筆をさせていただきましたので、ぜひ手元に置いて活用してください。

初心者の方のために本書を書きましたが、スキルがあがったときにまた読み返すと、「最初はわからなかったけど、今ならわかる」というように、さらに理解が深まるかと思います。

Contents
目次

第1章 Googleアドセンスで収益化する基礎知識を知ろう

第2章 Googleアドセンスの審査に通過しよう

第3章 間違い厳禁!大きく収益化できるアドセンス広告配置を知ろう

Contents

第4章 記事のネタ選定とキーワード選定

第5章 アクセスの集まるコンテンツの作り方

第6章 ブログ分析・改善・SNS活用

第7章 初心者がつまづきやすいNG集

付録 WordPressの設定

Googleアドセンスで収益化する基礎知識を知ろう

Googleアドセンスのしくみを理解しよう

Googleアドセンスで目指したい収益を達成するためには、「何をどうするべきなのか?」と考えることも大切ですが、まずはGoogleアドセンスのしくみをしっかり理解しましょう。

1 Googleアドセンスとは

Googleアドセンスとは、Googleが提供している広告配信サービスで、誰でも利用することができます。アドセンス広告を掲載したブログに集客し、広告をクリックされることによって報酬が発生し、Googleから収益が支払われます。

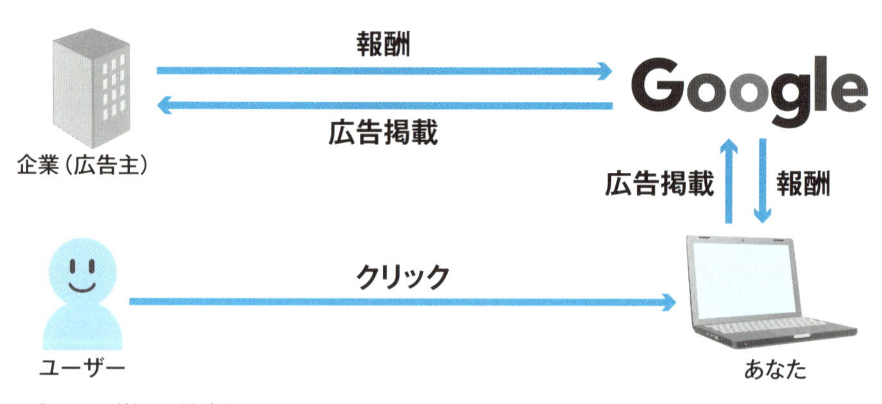

▲ Google アドセンスのしくみ。

「集客ができて、アドセンス広告さえクリックしてもらうことできれば、Googleから収益が支払われる」と思ってしまいがちです。しかし、ここで大切なのは、Googleアドセンスは、<Google><広告主><ユーザー（読者）><ブログの運営者>の4者がいて、初めて成り立っていると必ず認識することです。

この認識ができていなかったり、認識が甘かったりすると、Googleアドセンスの収益化は難しいと思ってください。

本書で解説する収益化の根本に関わってくるので、常に頭に入れておきましょう。

2 Googleはベストなアドセンス広告を表示してくれる

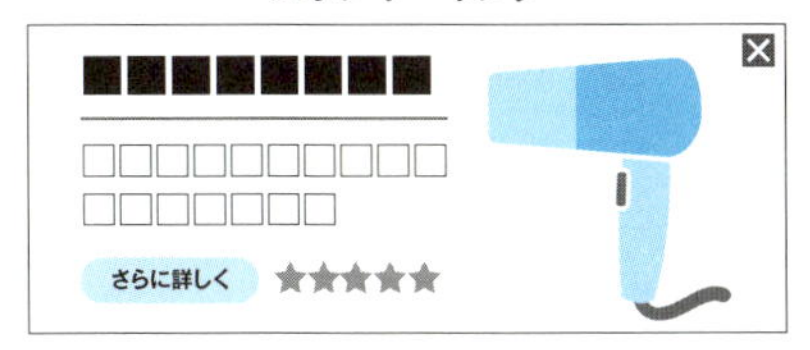

▲ アドセンス広告はこのように表示されます。

インターネット上で左のような広告が表示されているのをよく見たことがあるかと思います。これがアドセンス広告です。広告のほとんどは、企業が作成した商品やサービスの広告になります。

◉記事内容やコンテンツに最もマッチした広告が表示される

アドセンス広告は、一度設置するだけで、**ブログ記事やコンテンツに合った広告をGoogleが自動で表示してくれます。**

広告は、広告主である企業がGoogleに掲載依頼している無数にある広告の中から、**記事を見ている 読者にもっともマッチした広告が表示されます。**

この機能により、**読者によって同じブログ記事を見ても、広告の内容が変わります。**

◉読者本人に合った広告も表示される

また、ブログ記事やコンテンツ以外にも、読者のブラウザの履歴などでGoogleが興味や関心のある広告を判断して、**記事内容やコンテンツとは別に、その読者に関連性のある広告が表示されることもよくあります。**

3 Googleアドセンスには難しい知識や技術はいらない

インターネットでお金を得ようとしたとき、商品やサービスを販売できて初めて収益が発生する場合がほとんどです。つまり、読者があなたのブログに訪れても商品やサービスを販売できないと1円のお金にもなりません。

インターネットのビジネスとしてはアフィリエイトなどが有名ですが、誰も購入してくれることなく挫折する場合がよくあります。

商品やサービスを販売する場合、購入に至る文章術や技術がどうしても必要になってきます。人が思っている以上に購入してもらうことは難しいです。しかし、**Googleアドセンスの場合は、記事を書いているだけで収益化が可能です。初心者にもこんなに敷居の低いサービスは、どこを探してもありません。**

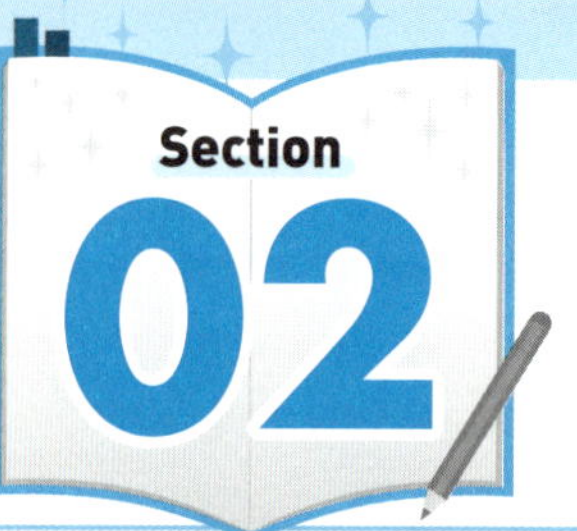

Section 02 初心者であっても1ヶ月目から収益を得られる!

Googleアドセンスでは、誰しも早い段階で収益を得たいと考えます。何ヶ月も時間をかけるのではなく、1ヶ月目から収益を上げていきましょう。このセクションではなぜ1ヶ月目から収益を得られるのか？　を解説していきます。

1 初心者であっても初月にGoogleアドセンスでどれくらいの収益化が可能?

アドセンス広告が1クリックされると、平均20 ～ 30円の収益が発生しますが、ほとんどの人は、「え?　たったそれだけ!?」と思うかもしれません。しかし、その小さな収益が、あなたの思っている以上に収益をもたらしてくれます。

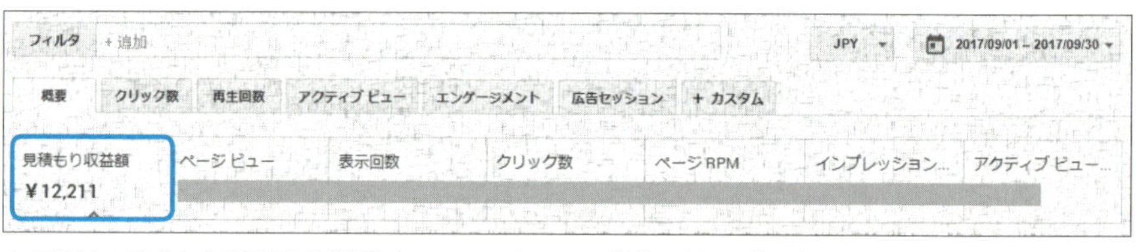

▲ アドセンス広告による初月の収益例（Google アドセンスの規約に従い画像に加工をしています）。

まったくの初心者でも、初月にこれだけの収益額を得ることが可能です。ブログ運営は積み重ねなので、過去の記事が生きてきて、数ヶ月後には何倍もの収益額が発生することも可能です。重要な収入源になっている人もたくさんいます。

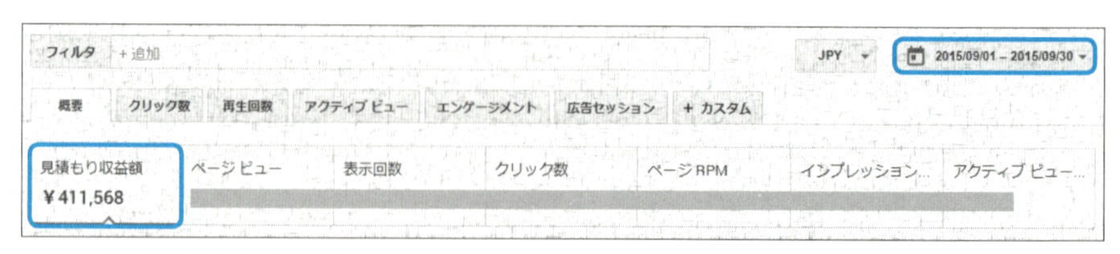

▲ さらに収益額を増やすことができます（Google アドセンスの規約に従い画像に加工をしています）。

筆者は過去に最高41万円以上の収益を得たこともあります。本書の内容を忠実に実践すれば、このような収益額を得られる可能性もありますし、それ以上を目指すこともできます。

2 アドセンス広告のクリック単価が確定していない理由

◉アドセンス広告のクリック単価はどうやって決まる？

アドセンス広告のクリック単価は数十円ですが、実際にはばらつきがあります。広告単価はたくさんの広告主のオークションによって決定されるため、広告の種類、広告主の数、広告サイズ、広告位置などによって変動します。

◉アドセンス広告のクリック単価が高くなるときがある

広告主に大きな利益が見込める場合は、広告単価が高くなるときがあります。とくに四半期や年末の12月、決算期の3月に広告単価が高めに設定されることが一般的です。ジャンルによっては、100円以上の広告単価になるというものもあります。

しかし、クリック単価は自身では一切コントロールできず、決定権は広告主にあります。高単価が見込めることは異例と考えて、P.22で解説するブログ運営で重要な、価値あるコンテンツを作成することに力を注ぎましょう。

3 どうすれば、そんなに収益が発生するの？

先に答えをいってしまうと、Googleアドセンスの広告クリック単価が低いため、莫大なアクセスをブログに集める必要があります。あなたの好きなことだけをブログ記事にしていては、たくさんのアクセスを集めることはなかなかできません。Googleアドセンスでたくさんの収益を得るには、言葉は悪いですが、アクセスを**かき集める必要があります**。

▲ 莫大なアクセスが集まれば収益につながります。

4 アクセスをたくさん集めるには?

◉好きなことだけを記事にしていてもアクセスは集まらない

「好きなことだけを書いてブログで収益化したい!」というのは残念ながら幻想であって、芸能人でもない限り、一般人には不可能です。

また、ただの日記のような記事もGoogleアドセンスで収益化できるほどのアクセスは集まりません。

■ 自分の好きな内容のブログ

▲ 自分の好きなことを記事にしたブログはアクセスが集まりにくいです。

■ 人の知りたい内容のブログ

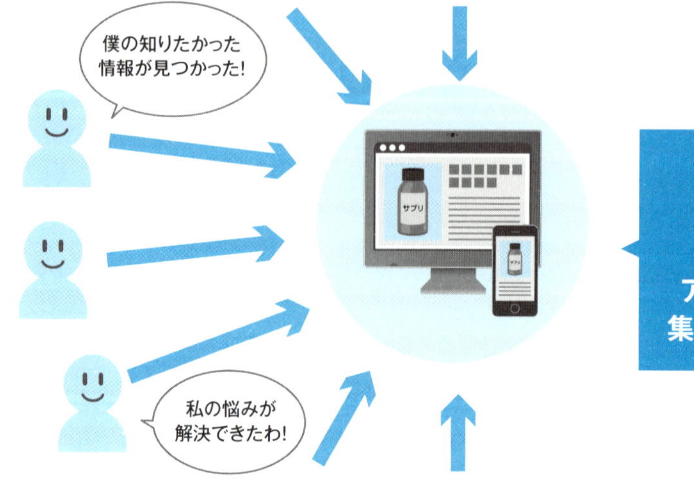

▲ 人の知りたい記事にしたブログはアクセスが集まりやすいです。

◉アクセスがたくさん集まるネタには理由がある

アクセスをたくさん集めるネタのポイントは、**世の中の人々が注目すること、知りたくてしかたがないことをブログ記事のネタにすることです**。テレビを見ていて興味を持ったり、関心を持ったり、面白かったり、凄いことを知ったりすると、さらに知りたくなりますし、世間を騒がせる事件が発生すると注目が集まります。

さらにバレンタインやクリスマスなどのシーズンイベントや大きく注目されるイベント（オリンピックやワールドカップなど）は、必ず話題になります。

そのほかには、お悩み解決系やノウハウ系なども人気が高いなど、アクセスが集まるネタはいろいろあり、無数に存在します。

種類が豊富なため、この内容は第4章で解説しています。

5 世の中にはネタはいくらでもある

普段何気ない生活の中には、**いくつもの注目のネタが存在し、発生します**。統計データでは、インターネットの検索件数は、日本だけで**月間70億回以上にもなるといわれています**。その膨大なアクセスのうちのわずかでも、あなたのブログに流すことができれば、十分収益を得ることが可能です。

人々が注目しないネタをあなたがブログ記事として書いたとしても、アクセスを集めることはできませんが、**注目される記事やネット上にまだ存在しない記事をどんどん書いていけば、まだライバルがいない状態**なので、アクセスは集めやすく、莫大にアクセスが見込めます。

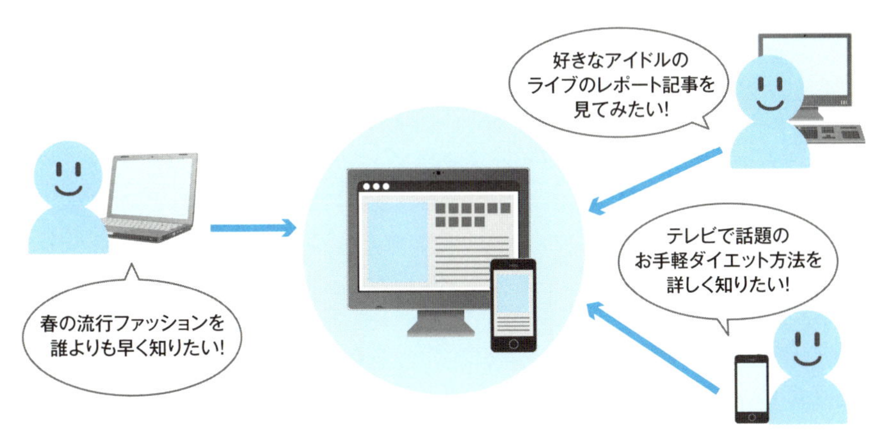

▲生活の中には多数の注目のネタが発生しています。

Section 03

Googleアドセンスで収益化できない人があまりにも多い理由

Googleアドセンスは初心者でも敷居が低く、記事を書いているだけで収益化できるのに、なぜ諦めてやめていく人が多いのでしょうか？　ここで忘れてはいけない、とても大切なGoogleアドセンスの価値について解説します。

1 Googleアドセンスに素晴らしい価値がある

◉Googleアドセンスは人が思っている以上に素晴らしい

Googleアドセンスで収益化するには、記事を書くこと、つまり行動するだけです。

- 「Google アドセンスなんて稼げないんでしょ？」
- 「どうせ収益化できる人はセンスのある人だけでしょ？」
- 「やってるんだけど、ぜんぜんお金にならない…」

しかし、このように言い訳をして収益化できずに辞めていく人が多いです。収益化できず諦めてしまう人は、Googleアドセンスで得られる価値を理解していません。Googleアドセンスを利用してブログ運営していると、いきなり記事が爆発して、1記事だけで1万円の収益が発生することもよくあります。

◉こんなバイトの募集があったらあなたは絶対やりませんか？

1記事は1時間あれば普通は書くことができますし、目一杯時間を掛けても2時間あれば書くことができます。もし爆発が起きて、1記事で1万円の収益が発生すると、時給換算で少なくとも時給5,000円です。時給5,000円のバイトがあったら、どんなにしんどくてもやりませんか？　日給並みの時給ですよね。

さらにそのときで終わりではなく、ブログは不動産のような資産なので、将来的にも収益をもたらしてくれますし、再爆発することもよくあります。ちなみに筆者はたった4記事で25万円の収益を得たこともあります。

◉Googleアドセンスの価値を認識する

Googleアドセンスでブログを収益化することは、こんなにも素晴らしい価値があるので、価値を理解している人は、どんなことがあっても諦めず行動し続けます。

価値を理解していないと、

「しんどいから今日は記事を書かなくていいや」
「面倒だから明日やればいいや」
「やってもお金にならないからやめちゃおう」

と、最終的には行動そのものをやめてしまいます。Googleアドセンスは、**継続して行動すれば必ず成果が出ます**。「0→1」は難しいですが、「1」になればもう上昇するだけです。

インターネットでお金を得る方法として、初心者であってもこんなに敷居の低いサービスは、どこを探してもありません。インターネットでお金を得ようとする場合、ほとんどが販売になってきます。商品を販売には、商品を販売する文章術（コピーライティング）や商品を販売する技術（セールススキル）が必要になってきます。これらのスキルを勉強し、活かして収益化しようとすると、相当の時間が掛かってしまいます。

しかし、**Googleアドセンスの場合は、記事を書いているだけで、早い段階で収益化ができてしまいます**。この敷居の低さが初心者向けであり、とても大切なことです。Googleアドセンスには素晴らしい価値があることを再認識しておきましょう。手が止まってしまったり、やる気をなくしてしまったりしたときは、この**価値を必ず思い出してください**。

Point 記事の爆発とは？

爆発とは、ブログに読者がたくさん集まり、普段と比較して、あり得ないアクセスが集まることをいいます。爆発が起こると大きな収益額が発生します。爆発は記事を更新したときに起こる可能性もありますし、数日後、数ヶ月に起きる可能性や再爆発する可能性もあります。

Googleアドセンスを始めるのに必要なもの

Googleアドセンスを始めるには、ブログはもちろんのこと、そのほかに必要になってくるものとして、サーバーや独自ドメインがあります。ここではサーバーと独自ドメインについて解説します。

1 サーバーと独自ドメインとは？

Googleアドセンスの利用に必要な審査申請が、2016年以前までは無料ブログでも可能でした。しかし現在は、サブドメインしかない使えない無料ブログでは、Googleアドセンスの審査申請ができなくなりました。そのため、独自ドメインが必須になっています。

また、Googleアドセンスで収益化しようと思うなら、無料ブログより独自ドメインで利用できるWordPressでブログ運営することが断然有効です。WordPressを利用するために必要なサーバー契約と独自ドメインを取得しましょう。

◉サーバーとは？

サーバーというのは、かんたんにいえばWeb上の「土地」です。土地がなければ家が建てられないように、サーバーがなければ、ブログという建物は建てられません。ブログを表示させておくために必要な情報のための格納庫というイメージです。サーバーとの契約が切れてしまうと、ブログそのものが表示されなくなります。

レンタルサーバーという価格が安いものを共同で利用することが一般的で、それ以外のサーバーを使用する場合は、自分でメンテナンスをしたりする高度なスキルが必要になりますので、レンタルサーバーを利用する人が多いです。

◉ドメインとは？

ドメインというのは、Web上の「住所」です。住所があれば、あなたの家を見つけられるように、ドメインがあればブログを見つけることができます。

- gihyo.com
- taro.net
- example.co.jp

上記のように自分の好きなものを利用することができます。ドメインは同じものが2つ存在することはできないので、決定したドメインがあなただけの唯一のものになり、ずっと使用することができます。

WordPressブログを始めるなら必ず、

- サーバー
- ドメイン

この2つが必要になります。

サーバーとドメインの費用は、

- レンタルサーバーの初期費用 3,240円（税込）
- レンタルサーバー月額料金 1,296円（税込）×最低 3ヶ月分
- ドメイン取得料金が年間 1,620円（税込）

※ 2018年10月現在

合計8,748円（税込）が最低でもWordPress開設の際に費用として掛かります（エックスサーバーの場合）。

なお、付録で解説しているドメインプレゼントキャンペーン実施期間に契約することができれば、7,128円（税込）がWordPress開設費用となります。

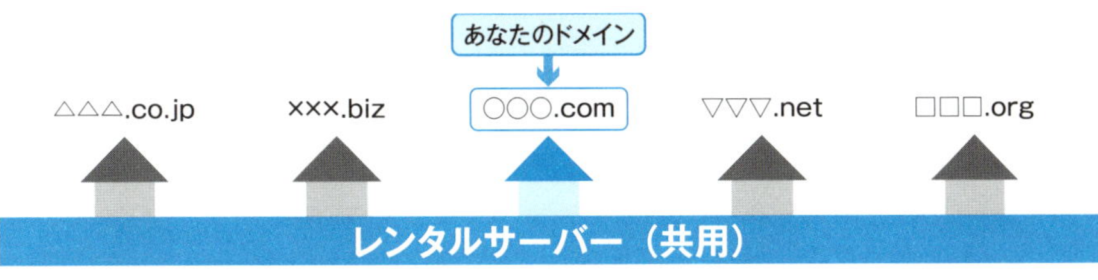

▲ドメインとはWeb上の住所です。

Googleアドセンスを利用するまでの流れ

Googleアドセンスを利用しようと思っても、いきなり始めることはできません。アカウントを取得して、審査申請をし、審査通過をしなければなりません。ここではGoogleアドセンスを利用するまでの流れを解説します。

1 Googleアドセンスアカウント登録から審査通過の流れ

Googleアドセンスを利用するまで難しいように感じるかもしれませんが、ブログを開設していれば、アカウントを取得して、審査申請をし、Googleに承認されるのを待つだけです。まずはGoogleアドセンスを利用するまでの流れを確認しておきましょう。

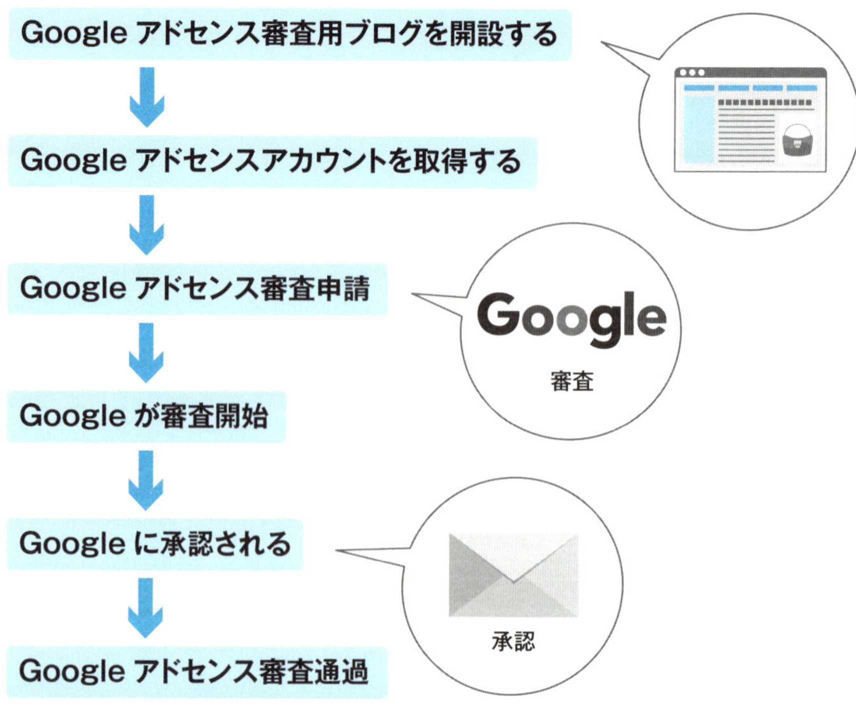

▲ Google アドセンスの審査通過までの流れを確認しましょう。

2 Googleアドセンスを利用前にGoogleアカウントも必要

なお、Googleアドセンスを利用するには、Googleアカウントが必要になります。Googleはさまざまなサービスを展開していて、その1つとしてGoogleアドセンスがあります。

もしGoogleアカウントを取得していない場合は、新規取得が必要になります。Googleアカウントを取得することによって、Gmail、Google Chrome、YouTube、Googleアナリティクス、Google Search Consoleなどのさまざまなサービスを利用することができます。中でもGoogleアナリティクス、Google Search Consoleは、Googleアドセンスで収益化する際に必須となってきます。

Googleアカウントの取得、Googleアドセンスの審査申請については、第2章で詳しく解説します。

■ Googleが提供する筆者おすすめサービス

サービス名	機能
Gmail	メールサービス。複数のアカウントが作成可能
Google Chrome	インターネットブラウザで、拡張機能が豊富で使いやすい
YouTube	動画共有サービス。Google アドセンスと連携でき、収益が一括支払いされる
Google アナリティクス	アクセス数の確認やブログ運営の分析に重宝する、無料高機能アクセス解析ツール
Google Search Console	検索エンジンのキャッシュ補助やさまざまなブログ運営の分析ができるツール

Point 無料ブログより WordPress がおすすめ

無料ブログで独自ドメインを取得してブログ運営をすることも可能ですが、できる限りWordPressのブログ運営をおすすめします。WordPressには無料ブログにはないたくさんの拡張機能があり、Googleアドセンスで収益化する際にとても有利です。

Column

Googleアドセンス収益化を考える前にしっかり目標設定をしよう

Googleアドセンスで収益化したい場合、漠然と収益化したいという気持ちだけでは、なかなか収益化をすることができません。そこでしっかり目標を立てて、目標に向かって取り組んでいきましょう。

- 収益化したお金で何をしたいのか？
- 収益化することで何が得られるのか？
- 今以上のお金を手にすることによって何から解放されるのか？

これを一度強く想像して、紙に書き出してみましょう。そして、そこから決定される目標を設定していきましょう。しかし、いつ達成できるかわからない目標設定はやめておきましょう。たとえば、「値段を気にせずに買い物ができるようになりたい」「頻繁に家族と旅行に行く」「ローンの完済をする」「会社を辞めて起業する」「子供の教育資金」などは、遠い未来であり、目標の目途も付きにくいです。3ヶ月後、6ヶ月、1年後のように近い未来に達成できることを目標にしていきましょう。

そして、「したい」という目標はやめておきましょう。なぜなら、「したい」は希望であり、目標ではありません。「Googleアドセンスで収益化してパートを辞めたい」ではなく、「3ヶ月後にGoogleアドセンスで収益化してパートを辞める」と断定的な目標を掲げましょう。

目標が明確でないと何のためにしているかわからなくなってしまいますが、明確であるとそこに向かって頑張ることができます。具体的に目標と期間を掲げて、それを達成するためにGoogleアドセンスで収益化することを明確化しましょう。さらに目標を書いて、いつでも目に入るように自分の部屋などに貼っておくととても効果的です。

Googleアドセンスの審査に通過しよう

Section 06 Googleアカウントを作成しよう

Googleアドセンスを始めるには、Googleアカウントが必要になります。すでに取得済みの場合は既存のアカウントでも利用できますが、アドセンス専用のアカウントを作成しておくと将来的に便利です。

1 Googleアカウントの作成手順の流れ

Googleアドセンスに申し込むために、Googleアカウントを作成しておきましょう。Sec.05で解説しましたが、Googleのさまざまなサービスを利用するためにアカウントは必要不可欠になってきます。すでにGoogleアカウントを取得済みの場合は、それを利用することもできますが、プライベートのアカウントと混同しないために、Googleアドセンス専用のGoogleアカウントを作成しておくと便利です。Googleアカウントを作成していない場合や新しく作成する場合は、以下の手順で作成しましょう。

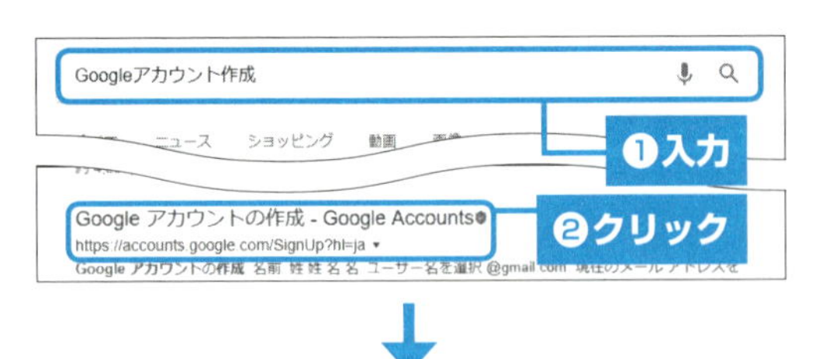

1 ブラウザを起動して、「Googleアカウント作成」と検索し、<Googleアカウントの作成>をクリックします。

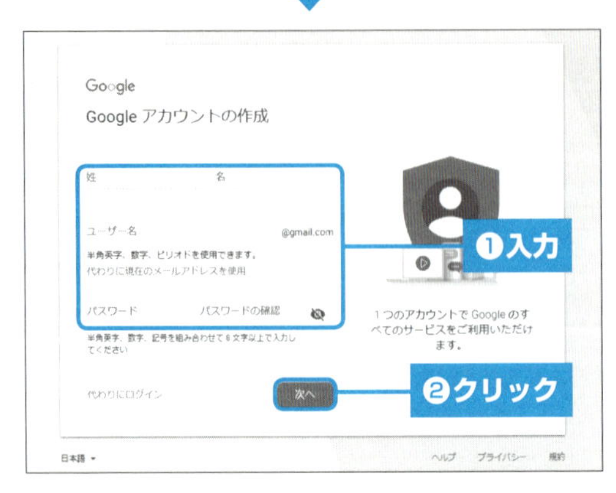

2 名前やユーザー名、パスワードの必要事項を入力し、<次へ>をクリックします。

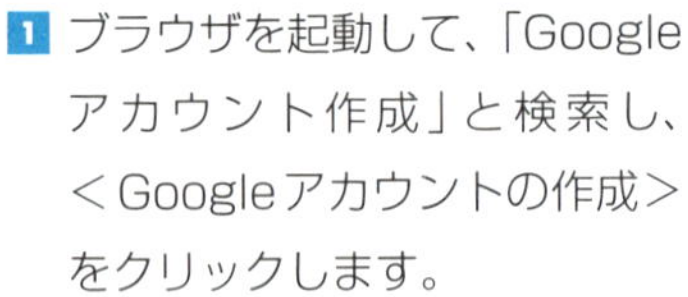

Point ユーザー名

ユーザー名は、登録するとそのままGmailのアドレスとなります。すでにほかの人が使っているユーザー名は登録できません。

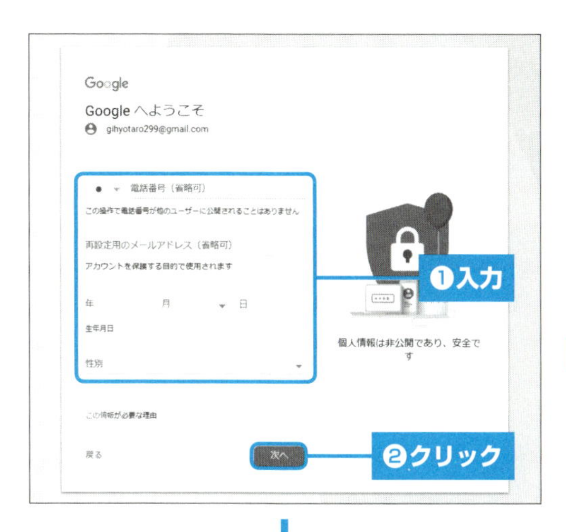

3 電話番号と再設定用のメールアドレス、生年月日、性別を入力して、＜次へ＞をクリックします。

Point 電話番号とメールアドレス

電話番号とメールアドレスは、入力をしなくても次に進むことができます。

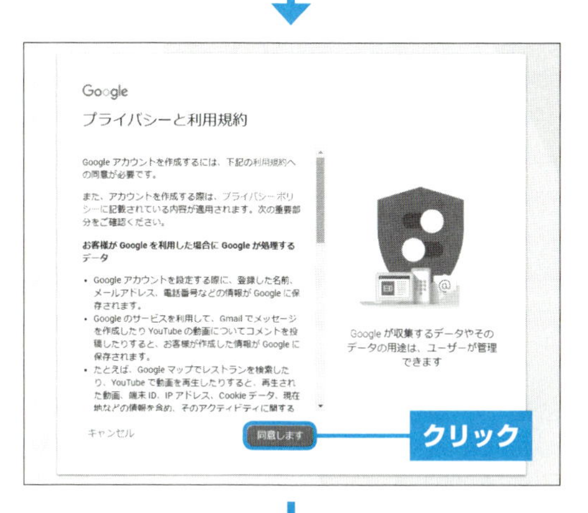

4 「利用規約」と「プライバシーポリシー」を確認して、＜同意します＞をクリックします。

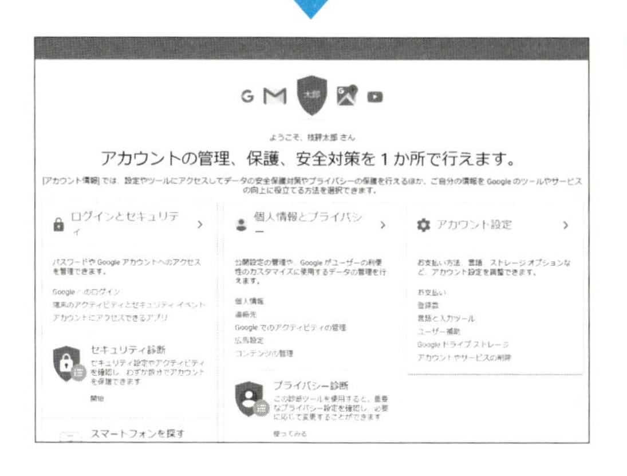

5 Googleアカウントに関するガイド画面が表示され、アカウントの作成が完了します。

Googleアドセンスの審査基準とは？

Googleアドセンスの審査には一定のルールがあります。自由にブログ記事を書いて審査申請をしても通過は厳しく、Googleが掲げる審査基準に基づくブログを作成する必要があります。この節では審査基準について解説します。

1 審査には独自ドメインが必要

Googleアドセンスの審査には、独自ドメイン（例：example.com）が必須となります。サブドメイン（例：■■■.example.jp）やディレクトリ付き（例：example.jp/■■■/）などの無料ブログでは審査申請ができません。

Point 無料ブログとは？

無料ブログとは、livedoorブログやSeesaaブログ、アメブロなどの無料で利用できるブログサービスのことです。レンタルサーバーを契約しなくても利用できます。

2 価値あるコンテンツとして情報提供が必要

価値あるコンテンツとは、ブログそのものに価値があるかどうかという基準です。Googleのポリシーには、**「質が高く有用なコンテンツと価値あるユーザーに関連性の高い広告を配信できるサイトを広告主様に提供すること」**と掲げているので、自分のブログそのものに価値があり、読んでよかったと思われる記事である必要があります。そのようなブログは、アクセスしてくる読者がその記事を読み終えて、**読む価値があったと思える有益な情報提供ができるブログです**。このようなブログに広告を設置することで、Googleも広告を依頼している広告主もしっかり利益を出すことができます。Googleは、あなたのブログをビジネスパートナーとしての期待を持って審査通過させます。その期待に応えらえるブログを作ることは当然のことです。

これらの審査基準に該当できずに審査申請してしまうと「Googleのポリシーに準拠していないサイト」とされ、非承認とされる可能性が高いです。

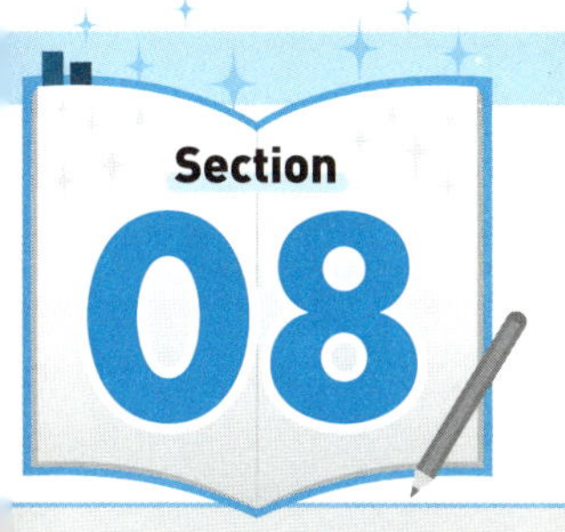

Section 08 独自ドメインを取得しよう

現在Googleアドセンスの審査には、独自ドメインを取得して独自ドメインURLで審査申請をすることが必須であり、無料ブログでは審査申請ができません。独自ドメインを取得し、審査申請を行いましょう。

1 独自ドメインについて知る

ドメインというのは、hanako.com や taro.net のように、「●●.com」や「■■.net」などで表されるものです。これは世界に1つしかないため、Web上の住所として使われます。hanako.com を使用した場合、Webでは、「http://hanako.com/」と表示され、これがブログのトップページのURLになります。

ドメインは、自分のブログの方向性に合うようなドメインを取得しましょう。たとえば、個人ブログでは「名前.com」「ハンドルネーム.net」などを取得する場合が多いです。しかし、**すでに誰かがドメインを取得している場合は、同じドメインは取得できません**。それ以外では、扱う商品名、会社名、ブログ内容をドメインにしている場合もあります。**一度取得したドメインは変更ができません**ので、よく考えてドメインを取得してください。基本的に、どれを選んでも検索に強くなったり弱くなったりすることはないのですが、「.com」や「.net」などがメジャーなので、無難なドメインを選ぶ場合がほとんどです。

ドメインを取得する方法として、「レンタルサーバー契約時に一緒に取得する場合」と「ドメイン専門会社で取得する場合」があります。ドメインのみを専門の会社で取得する方法もありますが、価格は安くなるものの、複雑な設定を自分で行う必要があります。一方、レンタルサーバー契約時に一緒に取得する場合は、レンタルサーバー契約時にドメインも併せて取得する場合がほとんどです。**筆者は、サーバー契約、ドメイン取得を「エックスサーバー」で契約することをおすすめしています。**

▲ドメインにはさまざまな種類があります。

アドセンスプログラムポリシーを準拠する

Googleアドセンスでは審査申請時にプログラムポリシーを準拠している必要がありますが、審査通過後もブログのコンテンツチェックは継続されます。ルールに違反することがないように必ず把握しておきましょう。

1 AdSenseオンライン利用規約を確認する

プログラムポリシーの前に、まずは利用規約を確認しておきましょう。どんなサービスを利用する場合でも「利用規約」があるように、Googleアドセンスにも「Google AdSense オンライン利用規約」というものがあります。これをまず把握し、規約違反にならないようにする必要があります。少し難しいテキストですが、必ず読んでおきましょう。

◉Google AdSense オンライン利用規約でとくに確認しておくべきこと

- 1人1つしかアカウントを持つことができない
- 18歳以上でないと利用できない

そのほかの重要な内容は、プログラムポリシーに掲載されているので、次ページから詳しく解説していきます。

AdSense オンライン利用規約

利用規約は請求先住所の国によって異なります。請求先住所の国を選択し、該当する利用規約を確認してください。

請求先住所: 日本

Google AdSense オンライン利用規約

1. AdSense へようこそ
当社の検索広告サービス（「本サービス」）に関心をお寄せいただき、ありがとうございます。
当社のサービスを利用することにより、お客様は、（1）本利用規約、（2）コンテンツポリシー、ウェブマスター向けの品質に関するガイドライン、広告掲載に関するポリシー、およびEU ユーザーの同意ポリシー（「AdSense ポリシー」と総称します）を含むがこれらに限られないAdSense プログラムポリシー、ならびに（3）Google ブランド設定ガイドライン（「AdSense 規約」と総称します）に同意したことになります。これらの規定に矛盾がある場合は、本利用規約が、上記（1）および（2）で列挙されたポリシーおよびガイドライン中のその他の規定に優先するものとします。本利用規約およびそれ以外の AdSense 規約をよくお読みください。

Google AdSense オンライン利用規約
URL https://www.google.com/adsense/new/localized-terms?hl=ja

2 プログラムポリシーで知っておくべき4つの禁止事項

プログラムポリシーを知らずに利用すると、禁止項目に違反しているブログにはGoogleから警告が来たり、いきなり広告配信停止になったり、最悪の場合アカウントそのものが停止されたりする可能性があります。それらを防ぐためには、プログラムポリシーを深いところまでしっかりと理解している必要があります。健全なブログ運営をするためにも、プログラムポリシーを把握しておきましょう。アドセンス広告設置後に警告や処罰を受けてしまった場合にも、プログラムポリシーを理解していれば原因を特定するヒントを得られます。

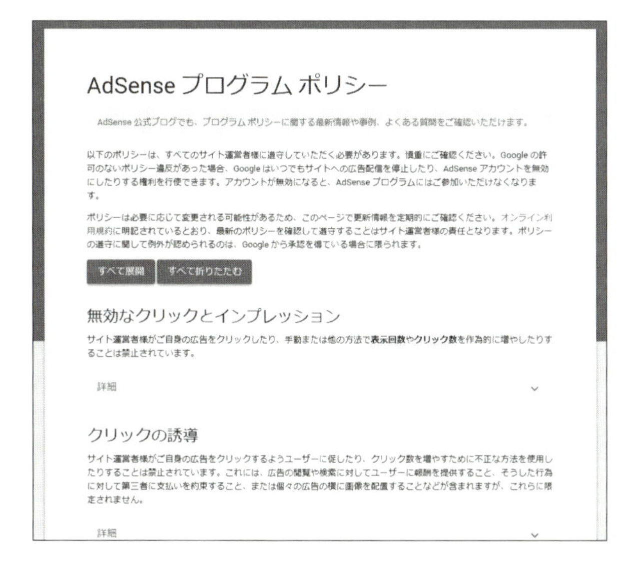

AdSense プログラムポリシー
URL https://support.google.com/adsense/answer/48182?hl=ja

◉無効なクリックとインプレッション

■ 自分でクリックしてはいけない

クリックに応じて報酬が発生するGoogleアドセンスですが、報酬発生回数を上げたいからといって、**自分で何度もクリックしてはいけません**。

■ クリックするのは読者だけ

アドセンス広告の目的は、読者が自発的に広告をクリックしてくれることです。**友達や知人にお願いしてクリックをしてもらうこともしてはいけません**。

クリックを促してはいけない

「クリックお願いします」、「ご協力ください」、「次のリンクへアクセス」、「特典です」などのメッセージを書いてクリックをさせることは禁止です。そのほかもGoogleアドセンス広告へ誘導するような矢印や記号も禁止です。もちろんテキストではなく、画像やレイアウトを使用してクリック誘導することも禁止です。

▲ クリックを促すことは禁止されています。

■デザイン・レイアウトで誤魔化してはいけない

アドセンス広告の近くに誤解を招く画像を置いたり、**広告と見分けが付かないようなブログデザインやレイアウトにしたりすること**などは、すべて禁止です。

■そのほかの広告に似せてはいけない

アドセンス広告と同じもしくは似ているレイアウトや色を使用している広告、サービスのバナーなどを、**アドセンス広告と同様のものであると混乱させるような設置をしてはいけません**。これは意図的にではなく、うっかりアドセンス広告の近くにほかの広告やバナーを設置してしまう場合もありますので注意してください。

■アドセンス広告は自然にクリックしてもらう

Googleアドセンス広告のクリックは、不特定多数の人たちが自然にクリックしなければなりません。自分で何度もクリックしたり、**クリックを促したりする行為は、すぐにGoogleに把握されます**。そして過度にインプレッションさせることも禁止です。インプレッションとは表示のことです。ツールなどを使って広告を何度も表示させたり、ページを閉じることができなかったりするなどの行為は不正と見なされます。

◉コンテンツポリシー

コンテンツポリシーに違反するページに、アドセンス広告を掲載することは禁止です。コンテンツポリシーはとくに重要で、しっかり理解しておかなければならない項目です。**理解していないままGoogleアドセンスを利用することは、とても危険です**。詳しくはSec.10で解説します。

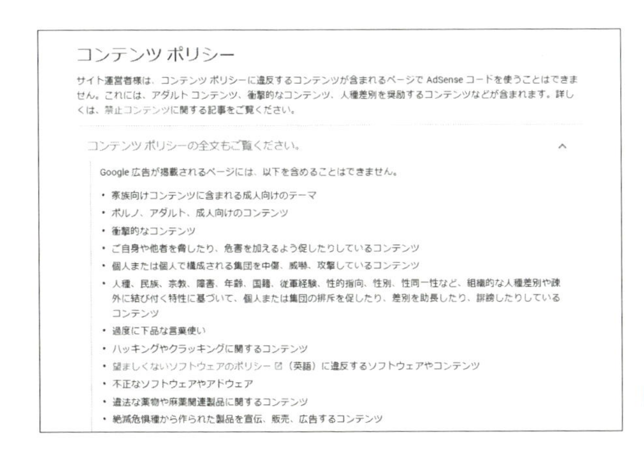

コンテンツ ポリシー

サイト運営者様は、コンテンツ ポリシーに違反するコンテンツが含まれるページで AdSense コードを使うことはできません。これには、アダルト コンテンツ、衝撃的なコンテンツ、人種差別を奨励するコンテンツなどが含まれます。詳しくは、禁止コンテンツに関する記事をご覧ください。

コンテンツ ポリシーの全文もご覧ください。

Google 広告が掲載されるページには、以下を含めることはできません。

- 家族向けコンテンツに含まれる成人向けのテーマ
- ポルノ、アダルト、成人向けのコンテンツ
- 衝撃的なコンテンツ
- ご自身や他者を脅したり、危害を加えるよう促したりしているコンテンツ
- 個人または個人で構成される集団を中傷、威嚇、攻撃しているコンテンツ
- 人種、民族、宗教、障害、年齢、国籍、従軍経験、性的指向、性別、性同一性など、組織的な人種差別や疎外に結び付く特性に基づいて、個人または集団の排斥を促したり、差別を助長したり、誹謗したりしているコンテンツ
- 過度に下品な言葉使い
- ハッキングやクラッキングに関するコンテンツ
- 望ましくないソフトウェアのポリシー（英語）に違反するソフトウェアやコンテンツ
- 不正なソフトウェアやアドウェア
- 違法な薬物や麻薬関連製品に関するコンテンツ
- 絶滅危惧種から作られた製品を宣伝、販売、広告するコンテンツ

コンテンツポリシー
URL https://support.google.com/adsense/answer/48182?hl=ja

◉広告のラベル表示・使用・配置

■ラベル表示

ラベル表示とは、アドセンス広告に**「広告であること」**を読者に誤解を与えないように表示するものです。しかし、実は**ラベルの表示は必須ではありません**。「広告であること」に誤解を与えないように**ラベルの表示することをGoogleも推奨しています**が、ラベルの表示がなくても違反対象ではありません。ただし、読者の誤解が生じないためにも、筆者は**ラベルの表示を推奨します**。Googleが推奨するラベル表示は、2018年10月現在は「広告」と「スポンサーリンク」のいずれかのみラベルの表示が認められ、ほかの種類のラベルは許可されていません。**ラベルは「広告」と「スポンサーリンク」のどちらかを表示しましょう**。

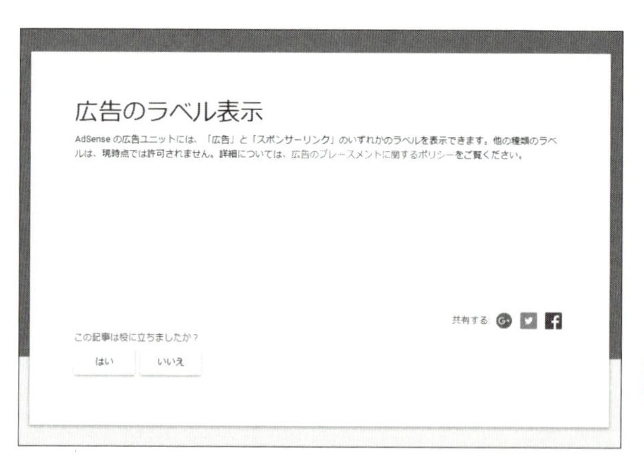

広告のラベル表示
URL https://support.google.com/adsense/answer/4533986?hl=ja

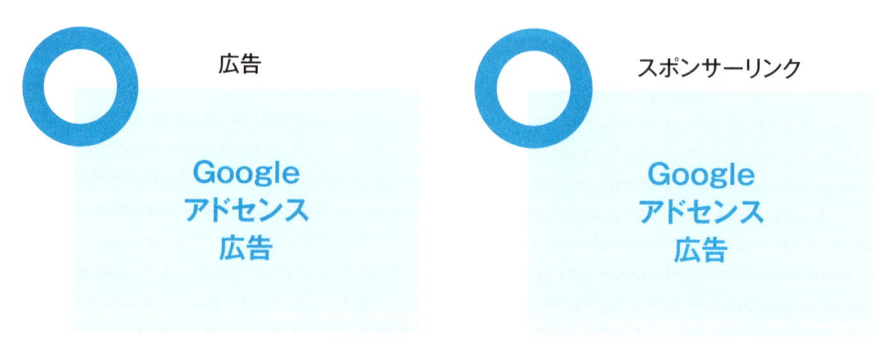

▲「広告」と「スポンサーリンク」のラベル表示は許可されています。

■ 広告の使用

アドセンス広告コードを変更・改ざんしたりしてはいけません。改変を許可されている場合もありますが、基本的には、**広告コードはそのままコピーして貼り付けて使いましょう**。

広告掲載に関するポリシー

AdSense 広告コードの修正

次へ: 新しいウィンドウに広告を表示する

AdSense ポリシーは、AdSense コードを改変して広告の掲載結果を偽装したり、広告主様のコンバージョンを阻害したりすることを禁止しています。AdSense アカウントでは広告コードを生成する際にさまざまなオプションを提供しており、サイトのデザインに合った広告のレイアウトを設定していただけます。一般的には、この広告コードをそのままコピーして貼り付けることをおすすめしますが、ユーザー エクスペリエンスの向上のために、コードの改変が不可欠になる場合もあります。

AdSense 広告コードの修正
URL https://support.google.com/adsense/answer/1354736

■ 広告の配置

アドセンス広告は、**メールに表示したり、チャットなどに表示したりすることは禁止です**。ブログだけに設置するようにしましょう。また、**ページが表示されたときに広告が大半を占めていることがないようにもしましょう**。広告が大半を占めている表示は、画面の小さいスマートフォンなどで起こってしまう場合が多く、違反対象になってしまう可能性があります。スマートフォンでの広告配置は、第4章で詳しく解説します。

◉プライバシーポリシーの記載

アドセンス広告は設置さえしておけば、自動的に表示をしてくれます。しかし、それは読者のブラウザのCookieを保存して使用したり、広告配信時にウェブビーコンを使用して情報を収集したりしているからです。ブログには、このことを明示した**プライバシーポリシーを掲載しなければいけません**。アドセンス広告を設置するときは、必ずトップページなどのわかりやすい位置にプライバシーポリシーを掲載しましょう。グローバルナビゲーション（P.51参照）に設置し、読者が一目でわかるようにしておくとよいでしょう。審査申請時にもプライバシーポリシーの記載は必要になりますので、注意しましょう。

◉そのほかの注意事項

これら以外にもプログラムを変更したりするような悪質な変更や操作もしてはいけません。健全なブログ運営をするようにしましょう。

アドセンスで絶対覚えておきたい禁止コンテンツ

Googleアドセンスプログラムポリシーの中でもとくに注意しないといけないことが、コンテンツポリシーの中の禁止コンテンツです。警告や処罰を受けてしまう場合、禁止コンテンツの禁止事項に違反している場合がほとんどです。

1 コンテンツポリシーで禁止されているコンテンツ

コンテンツポリシーで禁止されているコンテンツと、さらに詳細説明されている禁止コンテンツについては必ず把握しましょう。**うっかり禁止コンテンツを取り扱っていたということがないようにする必要があります**。

- ポルノ、アダルト、成人向けのコンテンツ
- 暴力的なコンテンツ
- 自分自身または他者を脅したり、危害を加えるよう促したりしているコンテンツ
- 個人または個人で構成される集団を中傷、威嚇、攻撃しているコンテンツ
- 人種、民族、宗教、障害、年齢、国籍、従軍経験、性的指向、性別、性同一性など、組織的な人種差別や疎外に結び付く特性に基づいて、個人または集団の排斥を促し、差別を助長し、誹謗しているコンテンツ
- 過度に下品な言葉使い
- ハッキングやクラッキングに関するコンテンツ
- 望ましくないソフトウェアのポリシーに違反するソフトウェアやほかのコンテンツ
- 不正なソフトウェアやアドウェア
- 違法な薬物や麻薬関連製品に関するコンテンツ
- 絶滅危惧種から作られた製品を宣伝、販売、広告するコンテンツ
- ビールやアルコール度の高い酒類の販売
- タバコやタバコ関連商品の販売
- 処方箋医薬品の販売
- 武器および兵器や弾薬（銃火器、銃火器のパーツ、戦闘用ナイフ、スタンガンなど）の販売

- 授業や講義の課題や提出物の販売、配布
- ユーザーに報酬を提供して、広告や商品のクリック、検索、複数Webサイトの閲覧、メールの閲覧を促すプログラムに関するコンテンツ
- そのほかの違法なコンテンツ、不正行為を助長するコンテンツ、他者の法的権利を侵害するコンテンツ

▲ Google アドセンスプログラムポリシーより（https://support.google.com/adsense/answer/48182?hl=ja）

2 詳細説明がされている禁止コンテンツ

- アダルトコンテンツ
- 危険または中傷的なコンテンツ
- 危険ドラッグおよび薬物に関連したコンテンツ
- アルコールに関連したコンテンツ
- タバコに関連したコンテンツ
- ヘルスケアに関連したコンテンツ
- ハッキング、クラッキングに関連したコンテンツ
- 報酬プログラムを提供するページ
- 不適切な表示に関連したコンテンツ
- 暴力的なコンテンツ
- 武器および兵器に関連したコンテンツ
- 不正行為を助長するコンテンツ
- 違法なコンテンツ

禁止コンテンツ
URL https://support.google.com/adsense/answer/1348688?hl=ja

禁止コンテンツのジャンルに含まれる内容を記事にすることが、すべて違反になるわけではなく、ブログの内容、作り方、見せ方によって問題ない場合もあります。ただし、「問題ない」という解釈は人それぞれに違い、あなたが「問題ない」と思っても、**Googleが禁止コンテンツと判断すれば、それは違反になります**。もし、これらのジャンルでブログを書く場合は、しっかり把握しておきましょう。

3 禁止コンテンツの中でより理解を深めるべきもの

◉アダルトコンテンツ

アダルトコンテンツとは、アダルトの意味そのままの内容を想像してしまいがちですが、アダルトを連想するものも含みます。アダルトコンテンツであるかないかどうかは、**「子どもに見せても問題がないかどうか」「職場の同僚の前で閲覧しても恥ずかしくないか」**といった基準を目安にしていますが、基準はそれぞれ人によって違うので難しいところです。しかし、Googleアドセンスは全世界に広告配信されるため、安全性や健全性を保つ必要があり、一律にコンテンツ要件が課されています。

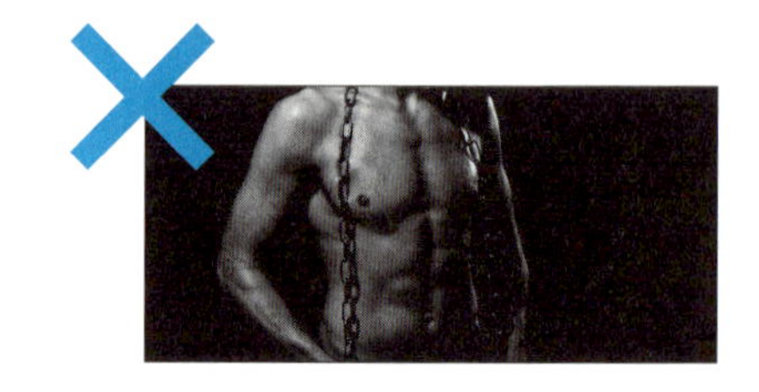

▲ 女性の水着や男性の肌の写真も違反対象になります。

上記のような**女性の水着の画像もアダルトコンテンツになりますが、意外にも男性の肌を露出した画像も違反対象になります**。グラビアアイドルのことを記事として書くときは、水着の画像を使ったほうがよりイメージしてもらいやすくなるため使用したくなりますが、**必ず洋服を着ている画像を使いましょう**。男性の場合も同じく、鍛え上げられた筋肉質の男性について記事を書くときも、**肌が露出した画像は使ってはいけません。水着画像のDVD販売の商品画像などのリンクを掲載するとき**なども気を付けましょう。

そのほかにも、挑発的なポーズ・わいせつなポーズや乳房・尻・股間の拡大表示を含む画像・動画も性的欲求を刺激するコンテンツと見なされます。また、性的な助言・性機能向上もいけません。性的能力改善、性感染症に関連すること、妊娠・出産・家族計画についての性に関する医療アドバイスをすることなども、意外にも禁止されているので気を付けましょう。**とくに妊娠・出産に関わる記事で作成するコンテンツは審査で非承認になる**ことも覚えておきましょう。

そして、アダルトコンテンツと見なされる単語にも気を付けましょう。さらに、ブログ記事のコメントとして送られてくる**アダルトスパムコメントも対象となります**ので、コメントは承認制にしておきましょう。

◉薬物関連コンテンツ

違法な薬物に該当する麻薬および麻薬関連器具の販売や宣伝は禁止コンテンツに該当します。海外で合法な薬物でも日本では許可されていなければ違反です。薬物依存から解放するための薬物リハビリテーションを奨励するページや、危険な薬物·ドラッグの歴史（アヘン戦争など）に関する情報ページは許可されています。

■ 精神状態を変える、または「興奮」状態を誘発する物質の宣伝

例:コカイン、覚醒剤、ヘロイン、マリファナ、コカイン代用物質、メフェドロン、合法ドラッグ

■ 危険ドラッグの使用を補助する商品やサービス

例：パイプ、吸引パイプ、大麻ショップ

■ 危険ドラッグの製造、購入、使用方法を指南するコンテンツ

例：薬物の使用に関するヒントやアドバイスを交換するフォーラム

■ 危険ドラッグの製造、購入、使用方法を指南するコンテンツ

例：薬物の使用に関するヒントやアドバイスを交換するフォーラム

▲ 薬物のコンテンツには許可されているものと禁止されているものがあります。

◉アルコール関連コンテンツ

- アルコール飲料のオンライン販売
- 過度の飲酒、暴飲や飲み比べ競争を好ましい行為として描写するなど、無責任な飲酒の宣伝

アルコールコンテンツすべてが禁止されているわけではなく、次のようなコンテンツは許可されています。

- バーやパブの店舗案内
- アルコール飲料会社がスポンサーになっているイベントを宣伝するページ
- アルコール関連ブランドの商品を宣伝するページ
- アルコール飲料の生産や製造に関連する情報を含んだり、商品を販売したりするページ

ただし、**飲酒を促進する内容は許可されていません**。たとえば、ビアガーデンのイベントの紹介記事を書いた場合、イベントの紹介は大丈夫ですが、「暑い季節になり、いよいよビールがおいしい季節になりました」や「夏はやっぱりビールを飲みに行きましょう」などの一文は、飲酒を促進している内容になるため控えておきましょう。

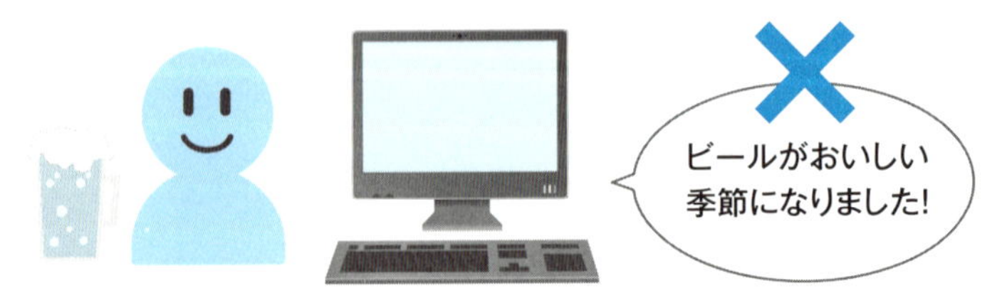

▲ 飲酒を促進する内容は禁止されています。

◉タバコ関連コンテンツ

巻きタバコ、葉巻、タバコパイプ、巻紙など、タバコやその関連商品を販売・宣伝しているページは許可されません。ただし、「禁煙を促進·アドバイスなどをするページ」や「タバコに関するページであるが販売に該当しない情報ページ」などは大丈夫です。

◉医薬品関連コンテンツ

最近ではインターネットでも薬を買うことが許可されましたが、Googleアドセンスでは処方薬販売のコンテンツは禁止コンテンツに該当します。

■ 処方薬のオンライン販売

例❶ 処方薬の販売（アフィリエイト プログラムを経由する場合も含む）

例❷ オンライン薬局

例❸ オンラインのドラッグストアや薬局へユーザーを誘導することが主たる目的のページ

■ 未承認の医薬品とサプリメントの販売

例❶ 宣伝が禁止された医薬品とサプリメントのリストにあるすべての商品

例❷ 医薬品有効成分や危険な成分を含有するハーブ系サプリメントや栄養補助食品

例❸ 未承認の医薬品やサプリメント、または規制薬物と混同する可能性がある名前の商品

ただし、処方薬での販売ではなく「市販薬を販売するページ」や、未承認の医薬品とサプリメントの販売ではなく「未承認の医薬品とサプリメントに関する情報ページ」は許可されています。販売に関連する禁止コンテンツは、**アフィリエイトプログラムも含まれるので注意してください**。

▲ 処方薬のコンテンツは禁止されていますが、市販薬のコンテンツは許可されています。

◉報酬プログラムを提供するコンテンツ

「広告のクリックやWebサーフィン、メールの閲覧といった作業を行ったユーザーに対して支払いや報酬を約束するページ」は禁止コンテンツに該当します。

- クリック報酬提供ページ
- 閲覧報酬提供ページ
- 自動閲覧ページ
- 「検索による募金活動」を謳うページ
- 検索報酬提供ページ

上記の項目については許可されていません。ただし、報酬型アンケートページやキャッシュバックページなど、特定の行為に対して報酬を支払うページについては、許可されています。また、よく利用することになる可能性の高いアフィリエイトプログラムなどは許可されているので問題ありません。

◀ アフィリエイトは許可されているので、ブログに Google アドセンスとアフィリエイトを同時に貼り付けることも可能です。

◉暴力的なコンテンツ

読者を不快にさせる、人間として反するコンテンツはもちろんですが、自殺や殺人に関するコンテンツも禁止されています。ニュースを掘り下げてブログ記事にする場合、自殺や殺人の内容の記事にGoogleアドセンス広告を掲載することは違反対象になります。そのほか、誰が見ても不適切と思われるコンテンツに関しても禁止です。

◉ギャンブルに関するコンテンツ

ギャンブルサイトの掲載も禁止コンテンツに該当しますが、ギャンブルコンテンツを全面的に禁止しているのではなく、パチンコや競馬などの情報ブログは禁止コンテンツに該当しません。禁止されているコンテンツは「パブリックではないギャンブル」だけで、**公営ギャンブルの情報ブログなどの掲載は禁止事項ではありません**。

▲ 競馬などの情報ブログは禁止コンテンツに該当しません。

◉そのほかの禁止コンテンツ

紹介した項目以外にも禁止事項に該当する場合があります。禁止コンテンツを参照に、危険そうなコンテンツは、できれば記事にしないほうが無難です。なお、滅多にないことですが、禁止コンテンツでないにも関わらずGoogleの判断で警告を受ける場合があります。その場合は、不服申し立てをすることが可能です。Googleスタッフが協議をしてくれて、協議結果の報告の連絡をもらうことができます。

Point 禁止コンテンツを十分に把握しておこう

健全にブログ運営しているつもりでも警告などを受ける場合、原因は禁止コンテンツをしっかり把握しておらず、違反対象になっている場合がほとんどです。禁止コンテンツはたしかに解釈が難しかったり説明が不十分であったりします。さらに禁止コンテンツの内容が更新されていることもあります。しかし、あなたはGoogleアドセンスを利用している側なので、禁止コンテンツの把握は十分にしておく必要があります。

※ P.44 ~ 49　参考「禁止コンテンツ」
URL https://support.google.com/adsense/answer/1348688?hl=ja

審査通過しやすいブログコンテンツを知ろう

アドセンス審査に通過するには、承認されやすいブログコンテンツをあらかじめ作成しておくほうが有利です。ここでは審査通過しやすいブログをどのように作成するべきなのか、詳しく解説していきます。

1 文字数を確認する

1記事の文字数は、最低でも**1000～1500文字くらいの記事を書きましょう。**400～500文字の記事ばかりでは、なかなか審査通過は難しくなっています。なぜなら、価値あるコンテンツとして人が満足できるように何かを伝える場合、原稿用紙1枚程度の文字数では、伝えるべきことも伝えらない情報量の少ない不十分なコンテンツとなってしまうからです。

自分が体験した話を人に伝えるときに一生懸命話そうとすると時間がかかるのと同じように、文字数を増やすことを考える前に、人が満足できる内容を伝えようとすると結果的に文字数は多くなります。

あなたはもしかすると、会話はできても文章を書くとなると難しく感じるかもしれません。しかし、Googleアドセンスで収益化するためには、価値あるコンテンツを提供し、記事もたくさん書く必要があります。最初は大変かもしれませんが、審査に向けて書く記事で練習して少しでも苦手なハードルを下げていきましょう。

なお、少ない文字数になってしまうからという理由で、**ほかのブログなどから文章をコピーすることは絶対にNG**です。Googleは、すでにあるコンテンツのコピーを評価対象にしませんし、Googleから嫌われることになります。あなたのオリジナルコンテンツを作成するようにしましょう。

もちろん、たくさんの文字数を書けるときは、長く書くことは構いません。「1000文字や1500文字いったからもう終わり」ではなく、しっかりとした価値あるコンテンツになるように心掛けてください。

2 記事数を確認する

審査申請する記事数は、20 ～ 30記事くらいが無難です。少ない記事数で審査通過できる場合もありますが、筆者の経験から、非承認が続くほど審査通過は不利になります。実際何度も審査申請すると初回より審査結果の連絡が遅く、いつまで経っても連絡が来ないケースもあります。**理想は非承認されず1回で審査通過できることです。**

3 カテゴリを確認する

記事のカテゴリが1つにならないように、複数のカテゴリ分けをしましょう。また、各カテゴリの中に記事が1つ以上入っているようにしましょう。

4 グローバルナビゲーションを設定する

グローバルナビゲーションとは、ブログのヘッダーの下にある（ヘッダー内に挿入されている場合もある）メニューのことです。グローバルナビゲーションに設置しておくとよい項目を解説します。

◉運営者情報

ブログ運営者のプロフィールです。あなたがどんなブログを運営しているか、あなたがどんな人物であるかをかんたんでよいので書いておきましょう。誰がブログを書いているかわからないより、プロフィールがあったほうが読者に親切なブログになります。

◉プライバシーポリシー

プライバシーポリシーの掲載は必須のコンテンツなので（P.41参照）、インターネットであなたのブログに合うひな型を見つけ、参考にして作成しましょう。

◉お問い合わせフォーム

お問い合わせフォームがあると読者があなたに連絡をすることができるので、設置しておいたほうがよいでしょう。

5 ブログのページ表示スピードを確認する

ブログのページ表示スピードが計測できるサイト（PageSpeed Insights）でブログが表示されるスピードを測定してみましょう。ブログの表示スピードに影響が出ている場合は問題点がわかることもあります。このスコアが極端に悪い場合は、表示されている「最適化についての提案」を参考に、表示スピードの改善をしてみましょう。**あまりにもスコアが悪い場合は、審査にも影響します。**

PageSpeed Insights
URL https://developers.google.com/speed/pagespeed/insights/?hl=ja

6 「不十分なコンテンツ」として非承認されないためのまとめ

- 文字数は最低でも 1000 ～ 1500 文字は書けている
- 記事数は 20 ～ 30 記事書けている
- カテゴリ分けをして複数の記事が入っている
- プライバシーポリシーの掲載がされている（できればグローバルナビゲーションにほかの項目も設置）
- ブログのページ表示スピードのスコアが極端に悪くない

Point 審査に必須でなくても読者のこと考えている項目があるほうがよい

プライバシーポリシーの掲載以外は、審査通過に必須コンテンツではありませんが、読者のことを考えているブログとして重要なポイントです。ほかにも必要だと思えるページは作成しておきましょう。なお、これらのページはWordPressであれば固定ページで作成でき、グローバルナビゲーションへの設置もかんたんに行えます。

審査通過しやすい記事はどんな内容がおすすめ?

審査通過するには、記事で価値あるコンテンツが提供できていなければいけません。ここでは価値あるコンテンツになる記事の選び方や、おすすめのジャンルを紹介していきます。

1 審査通過しやすいコンテンツ選び

「今日は友だちと新しくできたラーメン屋に行ってきて、おいしかった!」のような記事は、価値あるコンテンツではありません。しかし、だからといってプロのような記事を書く必要はなく、そこまで堅苦しく考えすぎる必要はありません。素人なりにも価値のあるコンテンツとして記事を書いていれば大丈夫です。

価値がある記事にするいちばんかんたんな方法は、できる限りオリジナル性のある記事を書くことです。あなたの経験や体験などは完全なオリジナルコンテンツとなります。たとえば、どこからも情報収集していない旅行記などは、あなたにしか書けない記事です。そういう記事をただの旅行記とせずに、旅先で学んだことや、その記事を見てくれた読者に伝えておきたい情報を詳しく記事にしていくと有益な情報となります。こういう記事が集まったブログは審査通過しやすいです。

ほかにも、仕事内容などのあなたの得意な分野や、長く続けている趣味、たくさん知識のあることなどを深く掘り下げた記事を書くとよいでしょう。ただし、著作権違反になる内容は避けていきましょう。**いくつか記事にできそうなことを書き出してみると、記事にする内容を整理することができます。**

ジャンル	カテゴリ
ビジネス	本職、前職、資格、認定など
スポーツ	野球、サッカー、ゴルフ、テニスなど
レジャー	海外旅行、国内旅行、登山、ダイビング、アウトドアなど
グルメ	食べ歩き、外食、料理、レシピなど
そのほか	音楽、語学、育児、ペット、お悩み解決など

審査通過しやすい書き方のポイントを知ろう

「不十分なコンテンツ」とされる場合は、記事の書き方が原因の場合が多いです。ここでは審査通過しやすいポイントを理解するために、確認すべきポイントを解説していきます。

1 確認すべきポイント

◉記事タイトルをわかりやすくする

記事タイトルを見ただけで何が書かれているか一目でわかるように、タイトル付けをしましょう。下記のような、記事の中に何が書かれているかわからない記事タイトルは避けたほうがよいです。

- おはようございます
- 遊園地の話

◉見出しを付ける

見出し2（h2></h2>）や見出し3（<h3></h3>）などのhタグの見出しを使って、記事を見やすくしましょう。見出しは、見ただけでどんな内容なのかわかりやすいことと、hタグは検索クローラーにも見出しがあることを認識させることができるので重要です。見出しのデザインはわかりやすく派手にしておくとよいでしょう。

◉改行を上手に使って段落を意識する

改行がなく、ずっと文章がまとまってしまっているような記事は、非常に読みにくいです。ブログは段落で構成されているので、改行を使って段落を意識しましょう。

また、自分勝手な改行をし、文章が左側に固まってしまい、右側に空白ができてしまう文章の書き方に関して、Googleは「一行に対する文字数が足りない」と判断します。そのため、文章は「、」で改行せず、「。」で改行することを心掛けてください。

◉スマートフォンに合わせて行間を多めに取る

ブログにアクセスしてくれる読者は、ほとんどがスマートフォンから閲覧しています。スマートフォンからのアクセスが80%を超えることもよくあります。スマートフォンの画面では横幅は狭いため、パソコンで表示される場合と比較すると、普通に改行しているだけの段落はとても詰まった文章になり、ストレスを感じてしまいます。そこでスマートフォンを重視した段落にするために、行間を多めに取ることをおすすめします。

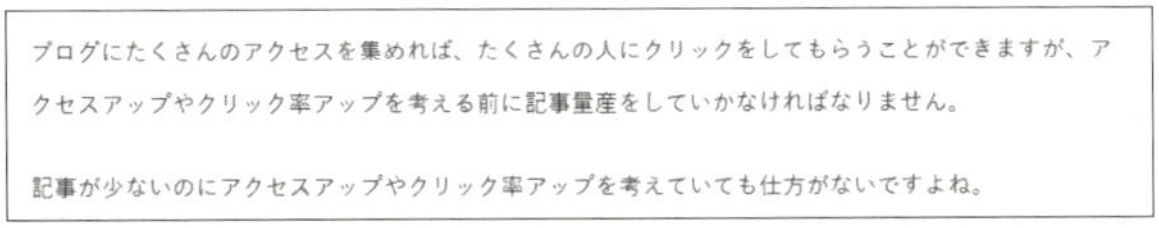

ブログにたくさんのアクセスを集めれば、たくさんの人にクリックをしてもらうことができますが、アクセスアップやクリック率アップを考える前に記事量産をしていかなければなりません。

記事が少ないのにアクセスアップやクリック率アップを考えていても仕方がないですよね。

◀ パソコンの画面では、読んでいてもそれほどストレスを感じないかもしれません。

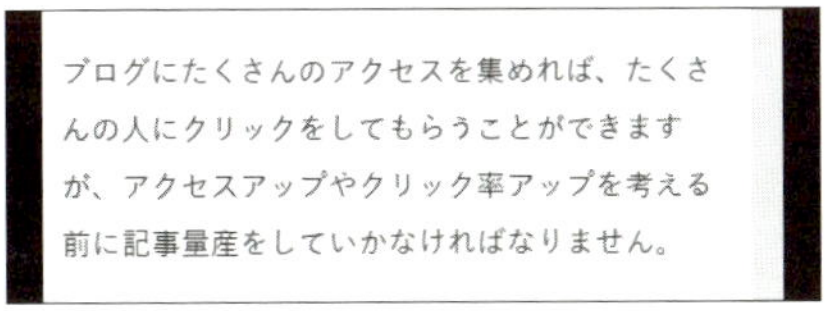

ブログにたくさんのアクセスを集めれば、たくさんの人にクリックをしてもらうことができますが、アクセスアップやクリック率アップを考える前に記事量産をしていかなければなりません。

◀ しかし、スマートフォンでは段落のまとまりで文章を見てしまいがちなので、目が痛くなりやすく、ストレスに感じてしまいます。

話（段落）のまとまりごとに間を作ってあげることにより、読みやすさが変わってきます。その方法として、話のまとまりの最後の文で**「。」を打ったら<Enter>キーを2回押してみてください**。これだけで読みやすさが違ってきます。ただし、あまりにも不自然な場合は、適宜調整してください。

◉装飾をたくさん入れる

黒字ばかりの同じペースでずっと続いていると、どこが重要でどこが強調したい部分なのかがわかりません。重要なところや強調したいところは、**「太文字」「赤太文字」「WordPressテーマで使えるそのほかの目立つ機能」を使いましょう**。アクセントを付けて抑揚を付けることも重要です。読み飛ばされることも減って、よりしっかり文章を読んでもらえます。

◉箇条書きを要所で使う

文章ばかりが並んでいては、面白味がない文章になってしまいます。箇条書きが使える機会があれば使っていきましょう。箇条書きをうまく配置することで要点の理解が深まり、しっかり記事を読んでもらうことができます。

◉画像やイラストを入れて目を休める

改行、行間、装飾、箇条書きをうまく使ったとしても、それらはすべて文字です。適度な箇所に**画像やイラストを入れて、「読む」ということから目を休ませてあげると効果的です**。また、画像やイラストを入れることで、記事全体のボリューム感が増すという効果もあります。ほかにも動画を挿入することもよいでしょう。しかし、これらは著作権違反にならないように十分注意しましょう。

◉引用文や外部リンクはあるに越したことはない

読者のために有益な情報を提供しようとするのであれば、ほかのサイトの引用文があったり、外部リンクが含まれているのが普通です。

参考URL：バクテリアと悪臭の関係

◀ 記事内に参考 URL などの外部リンクを設定しましょう。

記事内に参考URLを挿入することで、さらに詳しい情報を知ることができ、読者にとって有益な情報となります。このような場合は外部リンクの設定をしましょう。もちろん、ほかのサイトへのリンクばかりを集めた内容では、コンテンツとして不十分になりますので、価値あるコンテンツとしてしっかりバランスを考えましょう。また、文章を引用する場合は、**コピーコンテンツと判断されないように、必ず引用タグを使用しましょう**。

◉アフィリエイトリンクについて気を付けること

アフィリエイトリンク自体を挿入することは問題ありません。しかし、アダルトコンテンツに該当するリンクやバナーが表示されないように注意が必要です。また、記事内容に合っていないアフィリエイトリンクや、あまりにもリンクやバナーが多すぎるというのはいけません。記事のコンテンツに見合うようにし、記事内容に合った適度な商品やサービスの紹介程度にしておきましょう。

Point 著作権は絶対に守ろう

画像や動画、イラストは自分で撮影した画像や無料画像サイトのものを利用し、違法アップロードされたものは絶対に挿入しないようにしてください。また、ブログのページ表示スピードを低下させないためにも、画像の画素数やファイルサイズを必要以上に大きくせず、適度に縮小してください。ブログに貼り付ける画像は、パソコン表示でも横幅1000px以上のものは必要ないので、適度に縮小することをおすすめします。

審査申請する前のチェックポイント

一度で審査通過できるように審査申請前にもう一度ブログ全体を必ずチェックしましょう。チェックポイントを記載していますので、最終確認をして万全の状態で審査申請するようにしましょう。

1 ポリシーに反していないかのチェックポイント

- □ プライバシーポリシーに準拠している
- □ 禁止コンテンツに該当していない
- □ 価値あるコンテンツを提供できている

2 不十分なコンテンツになっていないかのチェックポイント

- □ 記事の文字数は少なくとも1000～1500文字は書けている
- □ 20～30記事の記事更新をしている
- □ 記事タイトルにわかりにくいものがない
- □ 見出しが適切に設定できている
- □ 改行、行間を適切に使用し読みにくくない
- □ 装飾を使用し文章が一本調子になっていない
- □ 箇条書きを使用できる場合は使用できている
- □ ファイルサイズの大きくない画像などを挿入できている
- □ 引用文や外部リンクの設定ができている
- □ アフィリエイトリンクが過度ではない
- □ カテゴリー分けをして複数の記事が入っている
- □ グローバルナビゲーションに設置すべき項目が設置できている（とくにプライバ シーポリシーの掲載は必須）
- □ ブログのページ表示スピードが極端に遅くない

Googleアドセンスに審査申請しよう

Googleアドセンスプログラムポリシーやウェブマスター向けの品質に関するガイドラインに準拠した、価値あるコンテンツサイトができたら、いよいよ審査申請をしていきましょう。

1 Googleアドセンスを利用する手順

Googleアドセンスを利用するには、以下の手順が必要です。

❶ Google アドセンスアカウントを作成
❷ Google アドセンスに審査申請
❸ Google アドセンスの審査通過

これらの手順を1つずつ解説していきます。

2 Googleアドセンスアカウントを作成する

審査申請用サイトURLやメールアドレス、支払先住所、電話番号を入力して、電話番号で利用確認をし、Googleアドセンスアカウントを作成します。絶対に間違いがないように入力していきましょう。

1 Googleアドセンス公式ページ(https://www.google.com/adsense/login/ja/)にアクセスして、<お申し込みはこちら>をクリックします。

2 サイトのURLを入力して、メールアドレスにアドセンスで使用するGmailアドレスを入力します。

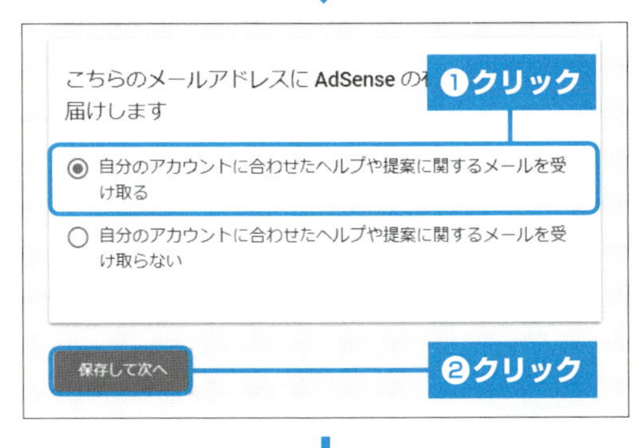

3 Googleアドセンス利用のヒントや提案を受け取るために<自分のアカウントに合わせたヘルプや提案に関するメールを受け取る>をクリックしてチェックを入れます。<保存して次へ>をクリックします。

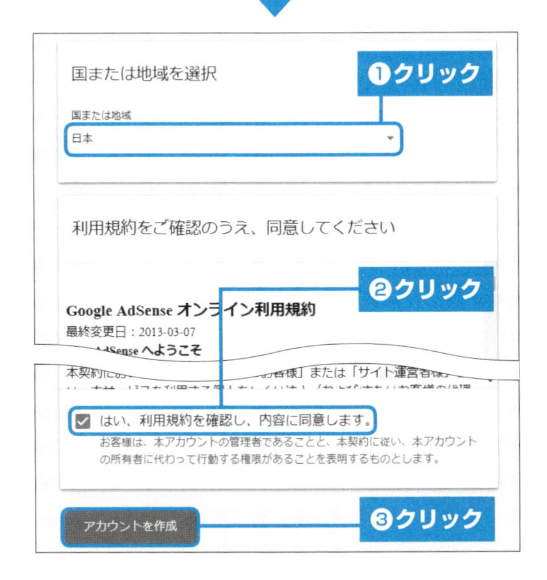

4 「国または地域を選択」で<日本>を選択します。利用規約を確認の上、<はい、利用規約を確認し、内容に同意します。>をクリックしてチェックを付け、<アカウントの作成>をクリックします。これでアドセンスアカウントが作成されました。

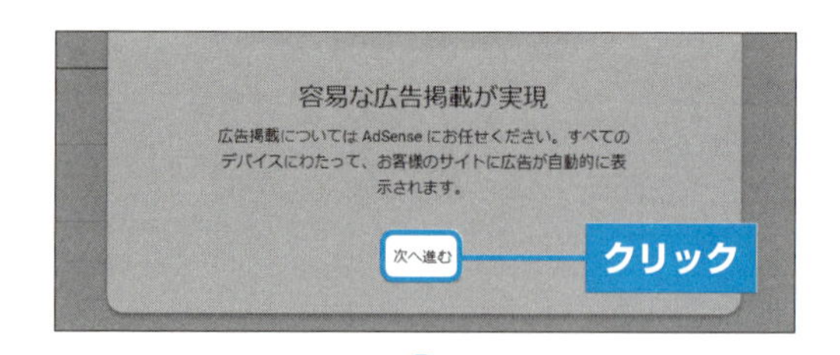

5 続けてアカウントの必要情報を入力していきます。<次へ進む>をクリックします。

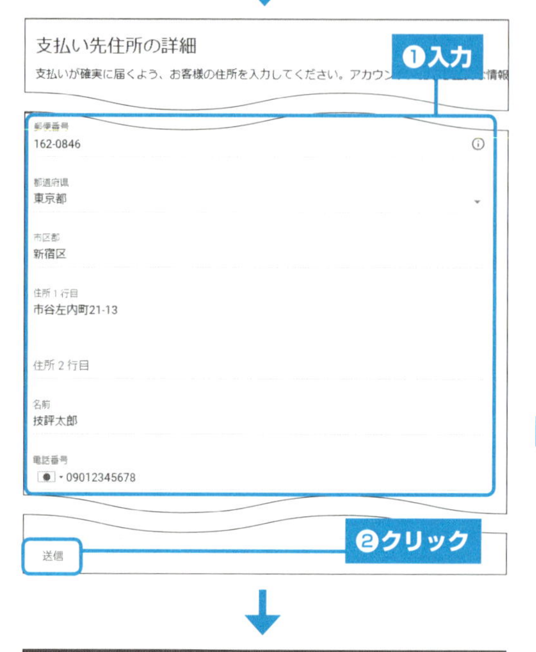

6 支払い先の住所の情報を入力します。住所、電話番号を入力して、<送信>をクリックします。

Point 登録する電話番号

次の手順で入力した電話番号の確認をするので、携帯電話番号の入力がおすすめです。

ホーム
電話番号を確認してください
AdSense のご利用には電話番号の確認が必要です。
電話番号の説明
+81 90-8888-8888
❶クリック
確認コードを受け取る方法を選択してください。
ショートメッセージサービス（SMS）
通話
確認コードを取得
❷クリック

7 確認コードを受け取る方法をクリックして選択し、<確認コードを取得>をクリックします。

Point 確認コードの取得方法

<ショートメッセージサービス（SMS）>を選択すると、登録した番号にSMSでコードが届きます。<通話>を選択すると、Googleから電話がかかってきますので、音声案内に従ってコードを確認します。

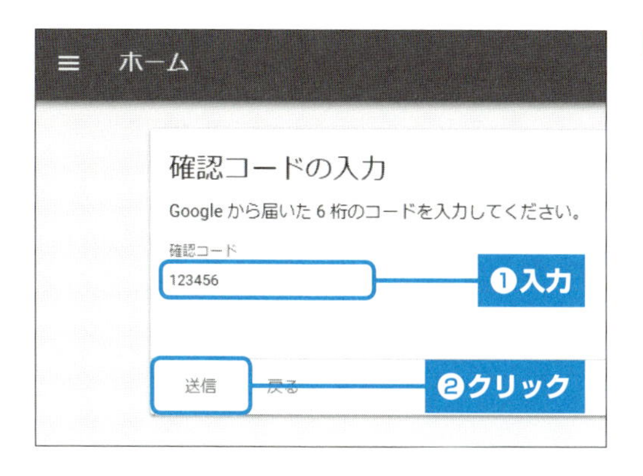

8 6桁の確認コードがGoogleから届くので入力して、<送信>をクリックします。

3 Googleアドセンスに審査申請する

アカウントの審査用コードを審査申請用サイトのheadタグ内に貼り付けをし、Googleに審査申請をします。少し難しいですが、落ち着いて確実に審査用コードの貼り付けをしていきましょう。

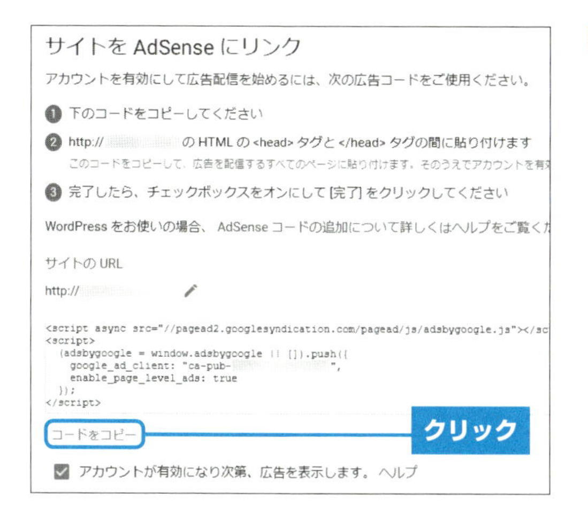

1 記載されている手順を確認して、<コードをコピー>をクリックします。次に審査申請用のサイトの<head>タグ内にコードを貼り付けます。なお、本書ではWordPressを例に、<head>タグ内に審査用コードを貼り付けます。

Point 審査通過できる可能性をできる限り上げる

この章で解説していることを着実に行ったとしても、必ず審査通過の保証をするわけではありません。なぜならGoogleから明確な審査基準は公開されていないからです。非承認にならないようにできる限り審査通過できる可能性を上げてから、万全な状態で審査申請するようにしましょう。

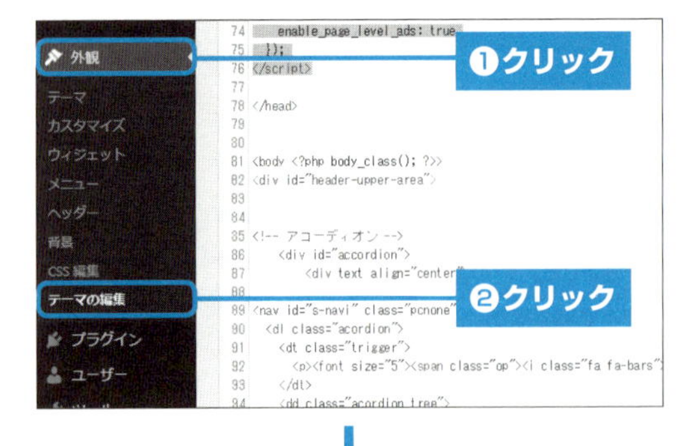

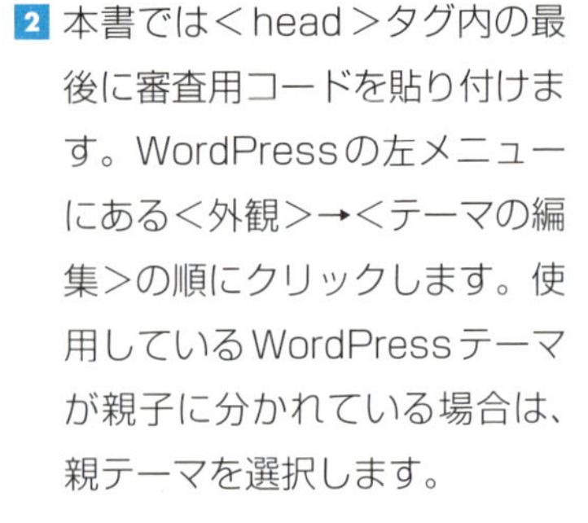

2 本書では<head>タグ内の最後に審査用コードを貼り付けます。WordPressの左メニューにある<外観>→<テーマの編集>の順にクリックします。使用しているWordPressテーマが親子に分かれている場合は、親テーマを選択します。

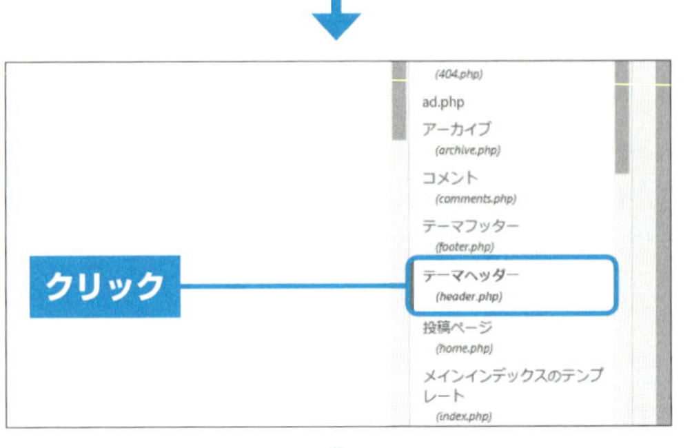

3 右メニューの<テーマヘッダー(header.php)>をクリックします。

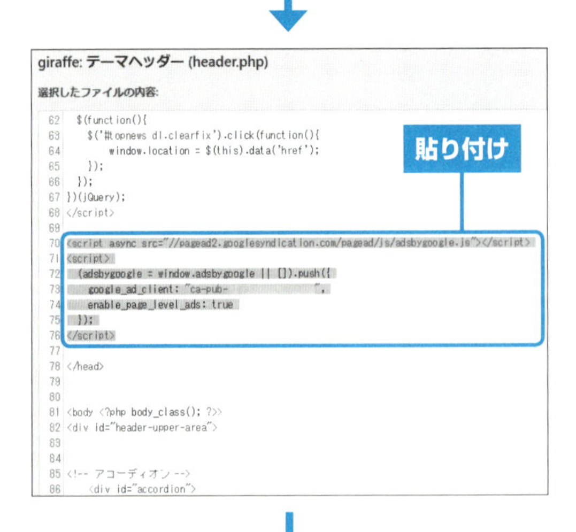

4「Ctrl」+「F」(Macは「command」+「F」)でページ内検索を開き、「/head」を入力し、エンターキーを押します。すぐに見つからない場合は、ファイル内容を何度かスクロールして、再度Enterキーを押します。
</head>タグの前に、P.61手順**1**でコピーしたコードを貼り付けます。

5 貼り終えたら、画面下部の<ファイルを更新>をクリックします。

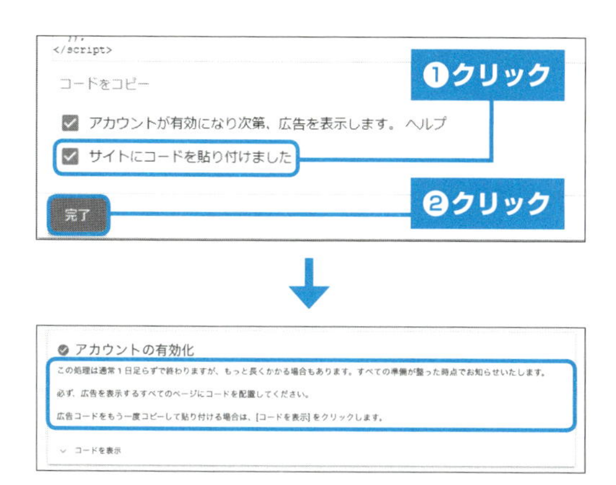

6 P.61手順**1**のアドセンスのページに戻り、<サイトにコードを貼り付けました>をクリックしてチェックを付け、<完了>をクリックします。

7 左の画面のようなメッセージが表示されると、アドセンス審査が開始されます。審査が終わり、Googleからメールが届くのを待ちましょう。

4 Googleアドセンスの審査に通過する

1 左の画面のようなメールが届くと、Googleアドセンスの審査通過です。

> **Point 審査終了までどれくらいかかる？**
>
> 審査に問題がなければ、通常数時間で審査結果が届きます。非承認され、再審査を重ねるほど審査は長引くので、できる限り一回で通過できるようにコンテンツ作成をしましょう。

> **Point 審査用コードを貼り付けたら警告が出てしまった**
>
> WordPressを使用して<head>タグ内に審査用コードの貼り付けた際に警告が出ても、審査用コードだけを貼り付けていれば問題ないので、そのまま<ファイルを更新>をクリックしましょう。心配ならばバックアップを取ってから行いましょう。

Section 16 審査に落ちた場合の再審査申請の注意点

ここでは、万が一非承認された場合に気を付ける内容を解説しています。何も知識なしに再審査申請をしてしまうと、何度も非承認されかねません。再審査申請のルールをしっかり把握しておきましょう。

1 再審査で注意すべきポイント

もし審査非承認の結果が出た場合、もう一度ブログのコンテンツ内容を見直しましょう。しかし、修正できたからといってすぐに再審査申請をしてはいけません。実は、**再審査申請をするまでに2週間の期間を空けたいほうがよい**とされています。必ずではありませんが、2週間の期間を空けずに再審査申請をしてしまうと、機械的に弾かれる可能性が高いからです。そうすると、結果的にまた非承認の結果が出ることになってしまいます。それを知らずに再審査申請ばかりしていると、いつまでも審査通過ができません。また、更新頻度の高いブログのほうが審査の評価基準は高くなっているので、再審査申請の2週間の期間を待っている間も、**再審査通過に向けて記事は書き続けましょう。**

◉不安なこと、わからないことはAdSenseヘルプフォーラムを参考にする

審査通過できるまでに不安なことやわからないことが出てきても不思議ではありません。その場合は、AdSenseヘルプフォーラムでQ&Aを参考にしたり、質問をしたりすることも、とても有効な方法の1つです。最近審査通過できた人達や、Googleアドセンスにより詳しい人達の情報が、たくさん掲載されています。

AdSense ヘルプフォーラム
URL https://productforums.google.com/forum/#!forum/adsense-ja

間違い厳禁!大きく収益化できるアドセンス広告配置を知ろう

アドセンスで使用できる広告の種類

Googleアドセンスの広告の種類やサイズはたくさんあります。広告設置といっても、どんな種類やサイズを設置すればいいのか明確な答えはありません。ここでは、どんな広告種類やサイズが推奨できるのかについて解説します。

1 時代とともに人気の広告種類や広告サイズが変わってきた

数年前までは、アドセンス広告といえば、長方形の**レクタングル（中）**という名前の**300x250の広告ユニット**が万能で使いやすいとされていました。その理由は、ブログ記事内のどこに設置しても使いやすく、サイドバーに設置しても効果的であったためです。さらにスマートフォン用のサイトに設置しても問題なく安心して使用することができていました。しかし、たくさんの種類やサイズの広告の登場により、人気のあった「レクタングル（中）」の広告も今ではそこまで重要視されなくなりました。

今は、広告は、❶「テキストとディスプレイ広告」❷「インフィード広告」❸「記事内広告」と大きく分けて3つで区別されています（P.70参照）。さらに自動広告などの新しい広告も登場しています。Googleは今の時代に合うアドセンス広告を提供し、広告種類やサイズは日々進化しているのです。

レクタングル（中）
（300×250）
使用頻度が多かった

広告が進化

時代に合う
種類・サイズの
アドセンス広告が
効果的

▲ 進化してきたアドセンス広告。

2 Googleアドセンスが推奨している広告サイズ

Googleアドセンスには、Googleが推奨している広告サイズがあります。広告サイズと説明の一覧は次の通りです。

<table>
<tr><th>広告サイズ</th><th colspan="2">説明</th></tr>
<tr><td rowspan="3">300 × 250
レクタングル（中）</td><td colspan="2">利用する広告主が多い広告枠。テキスト広告とイメージ広告の両方を掲載可能にすることで、より高い収益を見込める</td></tr>
<tr><td>利用できる種類</td><td>効果的な配置</td></tr>
<tr><td>テキスト広告、ディスプレイ広告、モバイルテキスト広告とディスプレイ広告</td><td>テキストコンテンツの中、記事の末尾</td></tr>
<tr><td rowspan="3">336 × 280
レクタングル（大）</td><td colspan="2">利用する広告主が比較的多い広告枠。テキスト広告とイメージ広告の両方を掲載可能にすることで、より高い収益を見込める</td></tr>
<tr><td>利用できる種類</td><td>効果的な配置</td></tr>
<tr><td>テキスト広告、ディスプレイ広告、モバイルテキスト広告とディスプレイ広告（スマートフォン）</td><td>テキストコンテンツの中、記事の末尾</td></tr>
<tr><td rowspan="3">728 × 90
ビッグバナー</td><td colspan="2">利用する広告主が比較的多い広告枠。テキスト広告とイメージ広告の両方を掲載可能にすることで、より高い収益を見込める</td></tr>
<tr><td>利用できる種類</td><td>効果的な配置</td></tr>
<tr><td>テキスト広告、ディスプレイ広告</td><td>メインコンテンツの上部、フォーラムサイトなど</td></tr>
<tr><td rowspan="3">300 × 600
ラージスカイスクレイパーまたはハーフページ</td><td colspan="2">広告主が大きなスペースでメッセージを伝えることができる。広告インプレッション数がとくに増加しているサイズ（1ページに複数貼ることはできない）</td></tr>
<tr><td colspan="2">利用できる種類</td></tr>
<tr><td colspan="2">テキスト広告、ディスプレイ広告</td></tr>
<tr><td rowspan="3">320 × 100
モバイルバナー（大）またはラージモバイルバナー</td><td colspan="2">320 × 50や300 × 250の代わりとしても使用できる。主にモバイルサイトやスマートフォンで使用する</td></tr>
<tr><td colspan="2">利用できる種類</td></tr>
<tr><td colspan="2">モバイルテキスト広告とディスプレイ広告（スマートフォン）</td></tr>
</table>

広告サイズに関するガイド

URL https://support.google.com/adsense/answer/6002621?hl=ja

3 広告配信と3つのターゲティング

広告の配信は、次のような3つのパターンで行われています。

◉コンテンツターゲット

サイト内で使用されているキーワード、単語の使用頻度などコンテンツに合った内容の広告が自動で配信されるしくみです。たとえば、結婚や婚活について書かれているブログや記事には、婚活サイトや婚活パーティーの広告が配信されます。

▲ コンテンツターゲットの広告のしくみ。

◉プレースメントターゲット

広告主が特定のブログやページを選択して広告を指定して配信するしくみです。プレースメントターゲットの広告はページの内容や読者の興味や関心、属性とは関係なく、広告主が配信したい広告が表示されます。たとえば、婚活専門サイトが「婚活を取り扱っているこのブログに広告を配信する」と指定する、といった形です。

◉パーソナライズ広告

読者のGoogleアカウントのデータやサイトの閲覧履歴をもとに、興味、関心、属性などに合わせた広告を表示します。もしくは、**一度広告主のサイトに訪れたことがある人を追いかけて広告を配信することも多くあります**。たとえば、婚活専門サイトが、プレースメントターゲットとパーソナライズ広告の両方の広告を使用して宣伝活動を行う場合、プレースメントターゲット広告は婚活関連の特定のページで配信します。パーソナライズ広告は、婚活に直接関連するコンテンツがないページでも婚活関連の広告を配信します。このように、読者を指定して広告を配信するしくみがパーソナライズ広告です。

さらに現在、パーソナライズ広告には「リターゲティング」というしくみが多く採用されています。たとえば、婚活関連のサイトをたくさん見たことがある読者に対して、その人がグルメ関連のサイトを見ている場合でも、そのグルメ関連のサイトにアドセンス広告が設置してあれば、その読者に婚活関連の広告が配信されるしくみになっています。

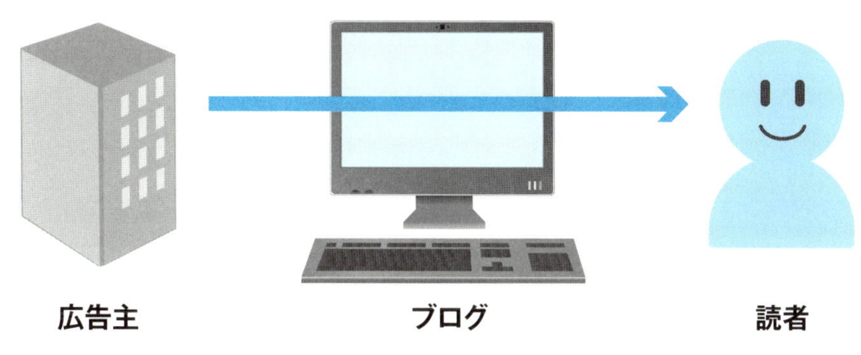

▲ダイレクトな広告配信が主流です。

ブログのコンテンツ内容と関連性がなくても、読者の興味や関心と合っている広告を配信することのできるパーソナライズ広告の配信される比率は、増加傾向にあります。パーソナライズ広告が収益の半分以上になっており、「どのブログやページをターゲティングするか」よりも「どの人をターゲティングするか」というように、人を対象にするような広告に移り変わってきているのです。

これら3つの広告は、自身で設定しなくてもGoogleアドセンスが自動で配信してくれますので、知識として覚えておきましょう。

アドセンス広告の作成方法を知ろう

それでは、実際にアドセンス広告の作成をしていきましょう。広告の作成はとてもかんたんに行うことができるので、手順通りに順番に操作を進めていけば大丈夫です。また、広告の設置はWordPressではプラグインを使うと便利です。

1 広告を作成する

ここでは例として、「レクタングル（大）」の広告を作成してみましょう。

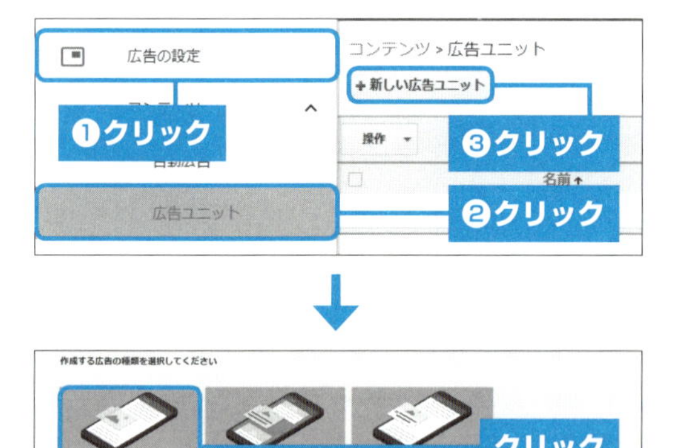

1 Googleアドセンスの管理画面にログインして、＜広告の設定＞→＜広告ユニット＞→＜新しい広告ユニット＞の順にクリックします。

2 広告の種類が選択できるので、今回は＜テキスト広告とディスプレイ広告＞をクリックします。

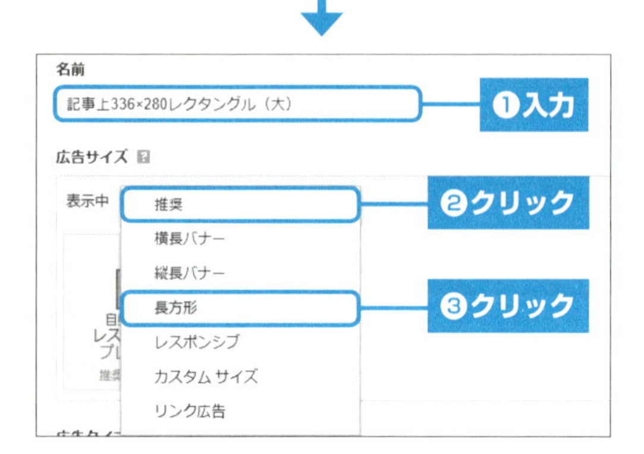

3 広告はたくさん作成するので、管理しやすいように「名前」欄に「記事上336×280レクタングル（大）」などのような広告の名前を入力し、「表示中」の＜推奨＞をクリックして、＜長方形＞をクリックします。

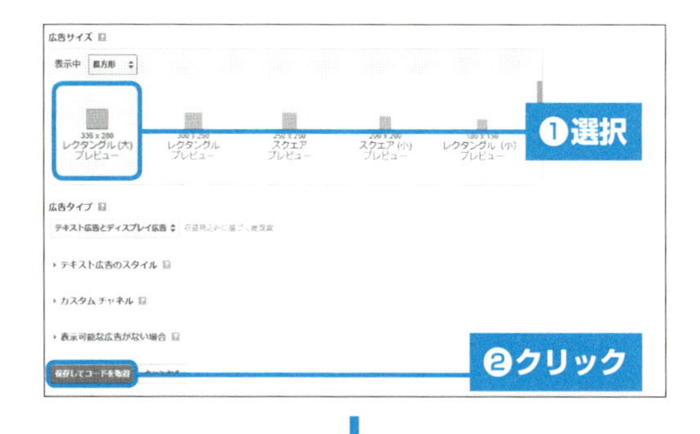

4 ＜336x228 レクタングル（大）＞が選択されていることを確認し、今回はそのほかの設定は変更せずに、＜保存してコードを取得＞をクリックします。

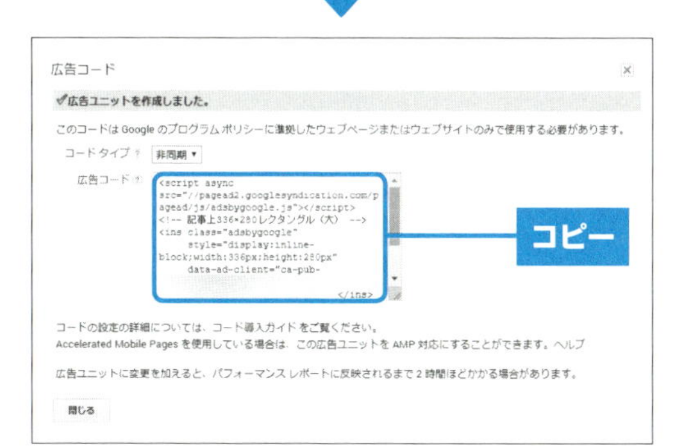

5 広告コードが作成されるので、「広告コード」をすべてコピーして、ブログに広告コードを貼り付ければアドセンス広告がブログに表示されます。なお、コードタイプは「非同期」を推奨します。

2 広告の設置はプラグインで行う

毎回記事を更新するたびに、広告コードを貼り付けるのは大変ですし、記事に同じコードが毎回あるのもSEO対策としてはよくありません。WordPressを使用している場合は、**アドセンス広告は、プラグインなどで一度設置すれば、表示させたいところに自動で表示させることができます（P.84以降参照）。ブログ記事作成時には広告のことを考えずに記事更新だけに集中しましょう。**WordPress以外のブログサービスを使用している場合は、そのブログサービスに合わせて広告を設置しておきましょう。

☑Point 広告は分析のために必ず名前を分ける

P.70手順**3**でも解説しましたが、広告は同じ種類、同じサイズであっても、設置する箇所に合わせて個々に必ず名前を分けて広告を作成しましょう。同じ広告を複数の箇所に使用してしまうと分析が困難になります。たとえば、記事上にも記事下にも同じレクタングル（大）の広告を設置している場合、どの部分のレクタングル（大）の広告がよくクリックされているかわからず、分析ができなくなります。

Section 19 人がつい視線を向ける位置を知ろう

読者がページを見るときの目の動きを知り、つい視線が向いてしまう位置にアドセンス広告を配置しましょう。広告が目に入りやすいことで、クリック率の上昇にもつながります。

1 人の視線は決まっている! Zの法則とFの法則

チラシなどの紙媒体やコンビニやスーパーの棚の陳列、自動販売機などでは常識となっている**Zの法則**という視線の法則があります。また、WebではZの法則とは異なる視線の流れとして、**Fの法則**があります。アドセンス広告の配置はもちろんですが、それ以外にもさまざまな要素のコンテンツ内の配置を変えることで、すべてのクリック数や収益が変わってきてしまいます。

Zの法則とは、紙媒体やコンビニの棚などを見る際に、左上→右→左下→右とZの順番に視線を動かすという法則のことです。デザイン業界や流通業界で多様されていて、最初に見られる左上に重要な情報や見てほしい商品を配置したり、中央ではなく右上、左下、右下にポイントを置くように配置したりしています。

しかし、Webの場合はZだけではなく「Fの法則」も重要だといわれています。左上から右に視線が移動させるのは同じですが、その後、最初に見た左上から少し下に移動し、また右に移動するというFの動きを繰り返します。ただし、Webでは常にFの動きでなく、初めてアクセスしたWebサイトは全体を見渡すためにZの動きをすることが多く、レイアウトなどの全体構成を把握したあとは、求めている情報を探すためにFの動きをすることが多いようです。

Zの法則もFの法則も、Yahoo!のトップページやAmazonの商品ページにも活用されています。企業のページのレイアウトを参考にしてみるのもよいでしょう。どちらの法則にも共通するのは、**上から下へ、左から右の動きです。そして、ページ上部は必ず注目して見られています**。それに対して、下部にいくほど注目度は下がっていくので読んでいて飽きさせない工夫が必要になります。

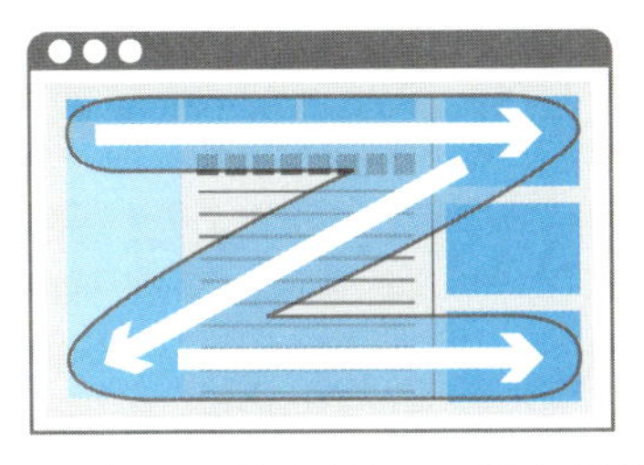

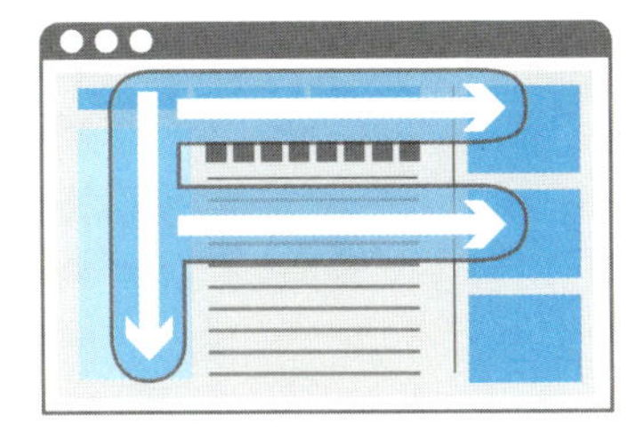

▲Zの法則（左）とFの法則（右）。この視線の動きを意識して、レイアウトを決めるとよいでしょう。

2 アドセンス広告はどこに配置すべきか？

検索エンジンで検索して、あなたのブログ記事に訪れた読者がまず見るところは、記事タイトルです。そのあとに上から下に向けて記事内容を読んでいき、記事を読み終わったら「次は何をしようか?」と考え、行動をします。記事の最後まで読まずに途中で離脱されることもあります。

このことから鉄板とされるアドセンス広告配置は、記事上、記事中、記事下とされています。**導入文の直下、記事本文に数個、記事を読み終わる直下、さらにサイドバーのいちばん上が、クリック率も高く、収益に結び付く広告配置です**。詳しい広告配置や注意点については、以降のページで解説しています。

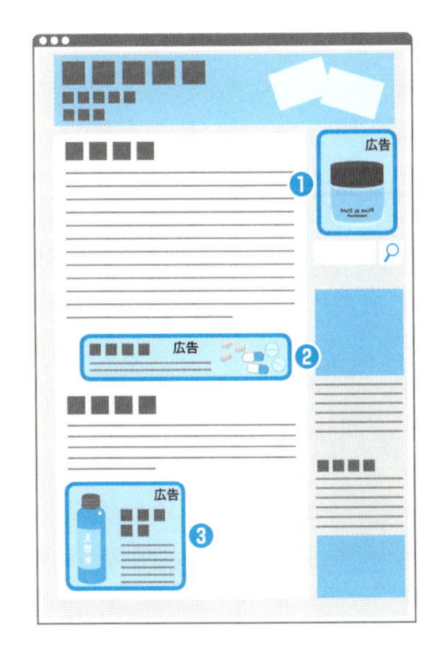

❶ 記事タイトルの近く
❷ 記事本文内
❸ 記事終わり直下

◀これら以外の場所の広告配置は、視線が届かず認識されないため、ほとんどクリックされません。

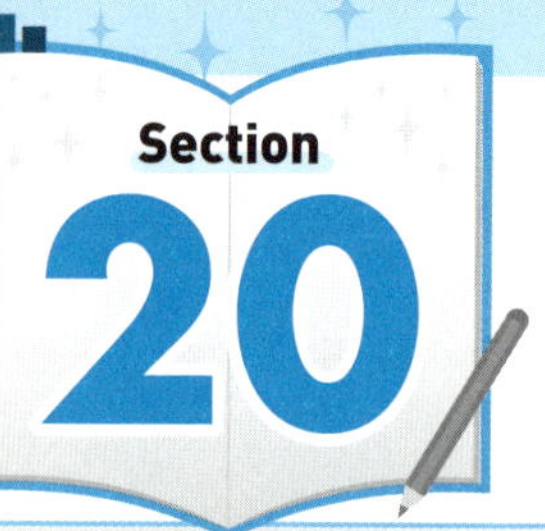

Section 20 もっとも効率的であると考えられる広告

広告の配置も大切ですが、広告種類やサイズは広告のクリック率に大きく影響します。ここではもっとも効果的であると考えられる広告を、筆者がクリック率から検証した結果をふまえて紹介します。

1 Googleアドセンスが推奨している効果的な広告サイズ

アドセンス広告には、Googleが推奨している効果的な広告サイズがあります。しかし、残念ながらGoogleが推奨する「効果的な広告サイズ」のページに書かれている内容だけでは、**本当に効果的な広告種類やサイズのチョイスが実現できません**。アドセンスで大きな収益を得るにはアクセスも大切ですが、広告をクリックされないことには収益になりません。たとえば同じアクセス数が集まっているブログでも、広告のクリック率によって大きく収益額が変わってきます。広告によっては、収益が10倍くらい変わる場合もあり、決して言い過ぎというわけではありません。

効果的な広告サイズ

< 次へ: 複数の広告ユニットを使用して広告スペースを最大限に活用する >

通常、読みやすさの点で、縦長より横長のサイズのほうが効果的です。ユーザーは、ひとまとまりの意味を持つ複数の単語から情報を得ます。幅の広い広告は、幅の狭い広告と違って一行に多くの文字を記述することができるため、ひと目で多くのテキストを読むことができます。

幅の広い広告を適切な位置に掲載すると、大幅な増収が見込めます。最も効果的な広告サイズは、レクタングル（大）（336x280）、レクタングル（中）（300x250）、ビッグバナー（728x90）、ハーフページ（300x600）、モバイル ビッグバナー（320x100）です。これらのサイズは一般的に効果が高いとされるものですが、実際に使用するサイズは、これらに限らずお客様のページに最適なものを選んでご使用ください。上記の広告サイズの詳細については、広告サイズに関するガイドをご覧ください。小さい広告ユニットを 2 つ横に並べるよりも、推奨広告ユニットを 1 つ追加する方が効果的です。

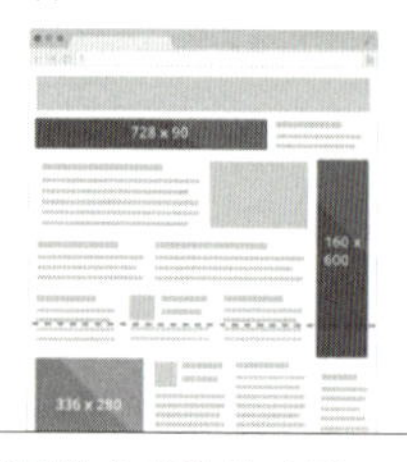

活用のヒント

- サイト最適化とは
- 配信メールを受信（または停止）する
- 広告のプレースメントのベストプラクティス
- 効果的な広告スタイル
- 効果的な広告サイズ
- 複数の広告ユニットを使用して広告スペースを最大限に活用する
- 検索向け AdSense の活用
- リンクユニットを使用して限られたスペースを最大限に活用する
- 競争率を高める
- その他の情報

効果的な広告サイズ
URL https://support.google.com/adsense/answer/17955?hl=ja&ref_topic=2717009

2 大きな広告ほどクリック率は高い

サイズだけの話になりますが、クリック率の高い広告は、見た目の大きな広告です。大きな広告には、しっかりとした情報が掲載されています。逆に小さい広告は情報が少なく、小さな文字の情報が書かれているため、クリック率は低くなってしまいます。大きな広告はインパクトもあるので、大きな広告を設置する必要があります。しかし、横長の広告はクリック率があまりよくありません。長方形か縦長の広告を設置しましょう。それ以外にも特殊な広告でクリック率の高い広告もあります（Sec.23参照）。

3 広告は少なくし過ぎない

下記のWebページに掲載されている「ユーザーの邪魔にならないように広告を掲載する方法」という内容がありますが、アドセンス広告を貼り過ぎると読者の邪魔になると思い、広告の設置を控える人もいると思います。しかし、**収益化することが目的なので、広告が多くて邪魔になるという考えはあまり持たないほうがよいです**。広告を少なくすると間違いなくクリック率が下がり、まったく収益化できない事態に陥ります。たしかにあまりにも広告が多過ぎると読者が邪魔と思ってしまう可能性がありますし、プログラムポリシーの違反にもなりかねませんので、常識の範囲内で広告を設置する必要はあります。そのためにも広告はある程度設置したうえで、**広告が邪魔だと思われないようにコンテンツ内容を充実させる**ことが重要です。

広告の配置に関するヒント

＜ 次へ: ニュースサイト ＞

AdSense をご利用になって広告の掲載結果を最大限に引き上げることは重要ですが、サイトに広告を掲載する際には、ユーザーの利便性と AdSense プログラム ポリシーを考慮することも必要です。次に挙げるいくつかのヒントをご覧ください。

第一に、ユーザーを考慮する

サイトのコンテンツを理論的に組み立てて、サイトを閲覧しやすく、また操作しやすいようにします。広告の配置を決める際には、次の点を考慮してください。

- ユーザーがサイトにアクセスする目的
- 個々のページを閲覧する際のユーザー行動
- ユーザーが注目しそうな場所
- ユーザーの邪魔にならないように広告を掲載する方法
- すっきりとして読みやすく魅力的なページにする方法

ユーザーの立場で考えると、ご自分のページや広告の配置が別の見方で見えてきます。探しているものをユーザーが簡単に見つけることができれば、そのユーザーはサイトに戻ってきます。また、ユーザーが読みやすい広告スタイルを選択してください。

- 配信メールを受信（または停止）する
- 広告のプレースメントのベスト プラクティス
  - 広告の配置に関するヒント
  - ニュース サイト
  - リスティング サイト
  - ブログ サイト
  - 旅行に関するサイト
- 効果的な広告スタイル
- 効果的な広告サイズ
- 複数の広告ユニットを使用して広告スペースを最大限に活用する
- 検索向け AdSense の活用
- リンクユニットを使用して限られたスペ

広告の配置に関するヒント

URL https://support.google.com/adsense/answer/1282097?hl=ja&ref_topic=2717009

スマホでのアドセンス広告の表示で気を付けるポイント

アドセンス広告がパソコンで表示される場合と、スマートフォンで表示される場合とでは、少しプログラムポリシーの基準が違います。スマートフォンで禁止されている項目についてしっかり押さえておきましょう。

1 スマートフォンで気を付けるべきポイント

Webサイトを見た際に、ファーストビュー（画面に最初に表示される領域）にレクタングル（中）以上のサイズのアドセンス広告を掲載することは、以前はプログラムポリシー違反とされていました。ファーストビューについて詳しく解説すると、あなたのブログ記事をスマートフォンで開いたとき、記事タイトル直下にGoogleアドセンス広告が表示され、スクロールしないと本文の一行目が見えないという状態のことです。

2017年頃から、スマートフォンのファーストビューにレクタングル（中）以上サイズの広告を掲載することについて、規制は緩和されました。しかし、各国ごとにプログラムポリシーが異なる場合があり、絶対に大丈夫といえるわけではありません。

実際、広告の配置に関するポリシーにも以下のように書かれています。

◉スクロールしなければ見えない位置にコンテンツを押しやるサイト／レイアウト

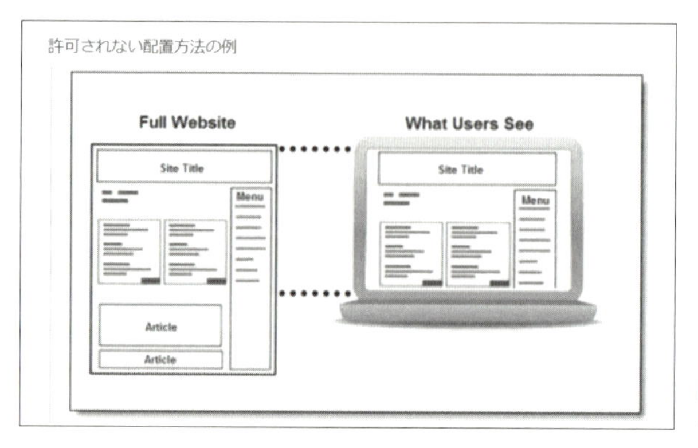

広告の配置に関するポリシー
URL https://support.google.com/adsense/answer/1346295

なお、このファーストビューのレクタングル（中）以上のサイズの掲載の緩和が行われたあとに、レクタングル（中）以上のサイズの広告をファーストビューに配置しているとGoogleから警告が来た事例もあります。制限が緩和されたとしても、ファーストビューには広告を表示しないほうがよいと筆者は考えています。

◀ スクロールしないとコンテンツ（本文）が見えないレイアウトは避けましょう。

Section 22 筆者がクリック率2%以上を実現したベストな広告配置

アドセンス広告には、たくさんの広告種類やサイズがあります。広告で収益を上げるためにはクリック率を上げ、また安定させることが大切です。そのためには、どこに広告を配置するかということがとても大切です。

1 スマートフォンのファーストビュー対策

Googleアドセンスのクリック率（ページCTR）は、以前までは平均1%以上を目指すことを目標としようといわれてきました。しかし、広告をクリックするのは読者任せで運営者は操作できないので、多くても1.3%くらいのクリック率が限界でした。その後、たくさんの広告種類やサイズが登場し、筆者は検証と分析を繰り返し、広告を組み合わせることでクリック率を劇的に引き上げることに成功しました。Googleが推奨する広告配置や、王道といわれている広告配置などがありますが、ここでは、クリック率を上げ収益を増大させたベストな広告配置を紹介します。

広告配置を考える前に、まずSec.21でも解説したスマートフォンのファーストビュー対策について考えます。現在スマートフォンから70～80%くらいのアクセスが集まるため、スマートフォンのファーストビュー対策は万全な状態にしておきましょう。

プログラムポリシーに「スクロールしなければ見えない位置にコンテンツを押しやるサイト レイアウトは避けてください」と掲載されているので、記事タイトルの下に縦幅が50～100などの細い横長の広告を設置して回避する方法もあります。しかし、スマートフォンサイトに設置する場合、この細い横長の広告はクリック率がとても悪くなってしまいます。この広告を設置している場合、レクタングル広告と比べてかなり収益が落ちます。そこで、記事タイトル下には広告を設置せず、導入文のすぐあとにレクタングル広告を設置しましょう。

具体的には、記事内にmoreタグを挿入することでレクタングル広告を表示させます(P.87参照)。

2 クリック率2%以上を目指せるベストな広告配置の全体像

筆者がクリック率2%以上を実現した広告配置は、記事上の導入文の下に**「レクタングル（大）336×280」**を配置し、その直下に**「リンク広告」**を配置します。記事中のそれぞれの見出しの上に**「記事内広告」**を配置し、記事下に**「レクタングル（大）」を横並びに2つ配置**し、その直下に**「リンク広告」**を配置します。

「関連コンテンツ広告」はある程度条件が整わないとGoogleから使用が許可されない広告ですが、許可された場合は、リンク広告の直下に配置します。サイドバーのいちばん上に大きくて目を惹く**「ラージスカイスクレイパー 300×600」**を配置します。ただしサイドバーの広告は、スマートフォンではコンテンツの下に表示されてしまいます。スマートフォンでそこまで下まで見る読者はあまりいないので、これはパソコンで見ている読者用に配置していると思っておきましょう。アドセンス広告は毎回手動で設置していると、時間も必要になりますし、同じテキストが毎回記事に挿入されているのはSEO対策としてもよくありません。WordPressを使用している場合は、すべてプラグインかウィジェットで設置しましょう。WordPress以外のブログサービスを利用している場合は、ブログサービスのマニュアルなどを参考にして設置しましょう。

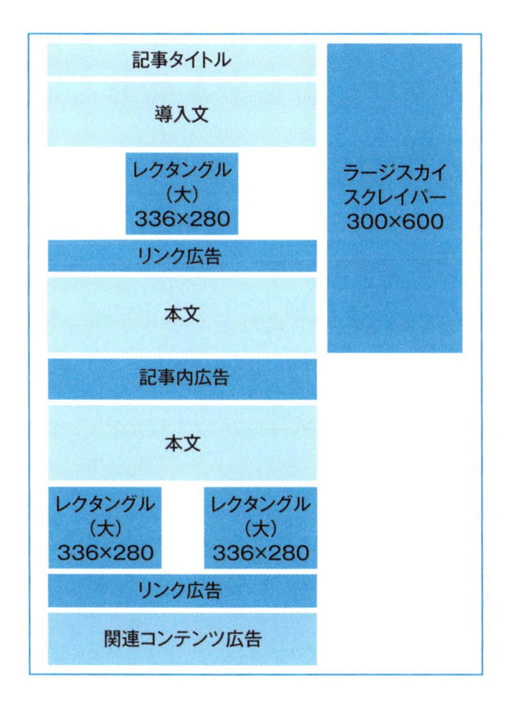

◀ 筆者がクリック率2%以上を実現した広告配置の例です。

Section 23

おすすめするそれぞれの広告の作成の方法

Sec.22で解説したそれぞれの広告の作成をしていきましょう。作成方法は基本的に同じで、広告を選択して名前を付けてサイズを決め、広告コードを取得する手順になります。

1 レクタングル（大）の広告の作成方法

レクタングル（大）の広告の作成は、すでにSec.18で解説したので、ここでは割愛します。レクタングル（大）の広告は、スマートフォン用に記事下に表示するものも含めると4つ必要になるので、「記事上336×280レクタングル（大）」「記事下PC左336×280レクタングル（大）」「記事下PC右336×280レクタングル（大）」「記事下スマホ336×280レクタングル（大）」などとそれぞれ名前を付けておきましょう。

2 リンク広告の作成方法

リンク広告は、テキストでキーワードが表示される広告です。リンク広告の特性としてクリック単価が高く設定されている傾向があり、収益に貢献してくれる広告なのです。このリンク広告の作成の方法を解説します。

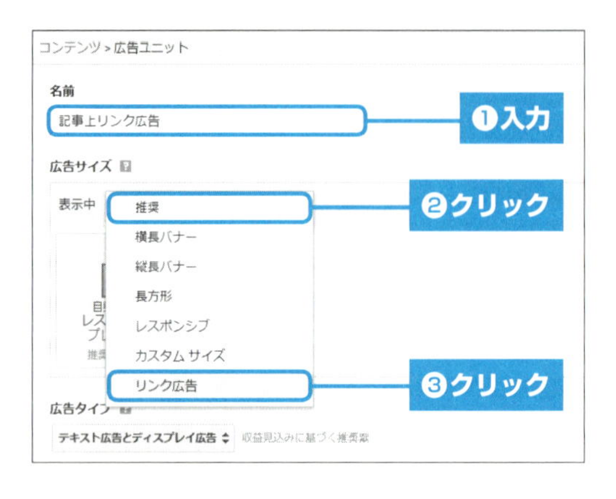

1 アドセンスの管理画面から<広告の設定>→<広告ユニット>→<新しい広告ユニット>→<テキスト広告とディスプレイ広告>の順にクリックします。リンク広告は2つ作成するので、名前の欄に「記事上リンク広告」と入力し、「表示中」の<推奨>をクリックし、<リンク広告>をクリックします。

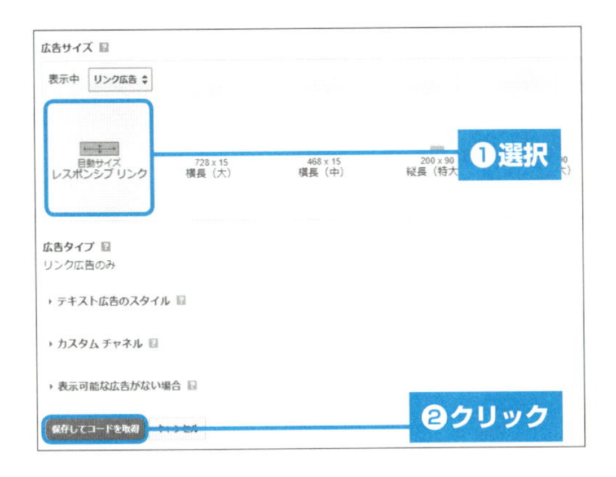

2 サイズは「自動サイズレスポンシブリンク」を選択し、＜保存してコードを取得＞をクリックして、広告コードを取得します。**リンク広告はもう１つ必要になりますので、同様の手順で「記事下リンク広告」という名前の広告ユニットも作成しておきましょう。**

3 記事内広告の作成方法

記事内広告とは2017年に登場した新しいフォーマットで、ページ内の段落と段落の間に自動で最適化された広告を表示します。記事内広告のメリットや通常の広告との違いは、次のようになります。

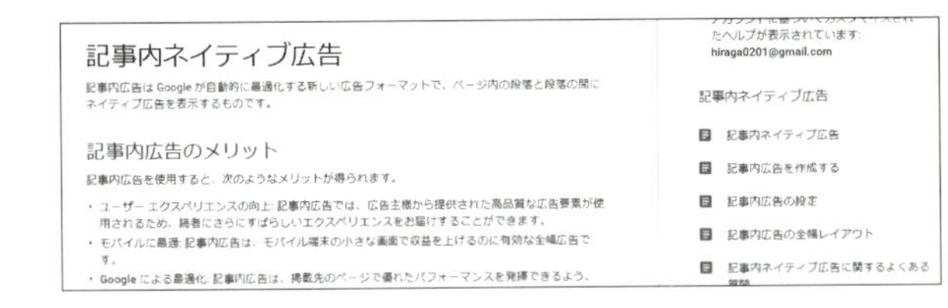

記事内ネイティブ広告
URL https://support.google.com/adsense/answer/7320111?hl=ja

◉記事内広告とその他の広告との違い

- 記事の流れに違和感なく溶け込めるようになっている
- 配置場所に応じたレイアウトで、閲覧フローに沿って表示される
- 広告主から提供された高品質な広告要素が使用される

AdSense ヘルプ　記事内ネイティブ広告より
URL https://support.google.com/adsense/answer/7320111?hl=ja

収益化する上で効果的な広告になりますので、ぜひ記事の中に設置しましょう。次ページでは記事内広告の作成の方法を解説します。

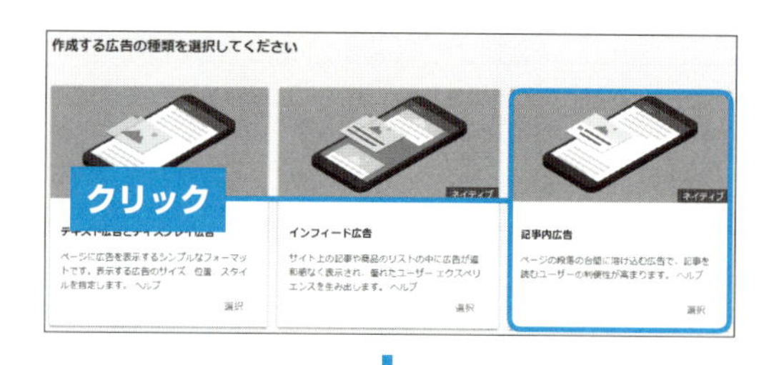

1 アドセンスの管理画面から<広告の設定>→<広告ユニット>→<新しい広告ユニット>の順にクリックして、<記事内広告>をクリックします。

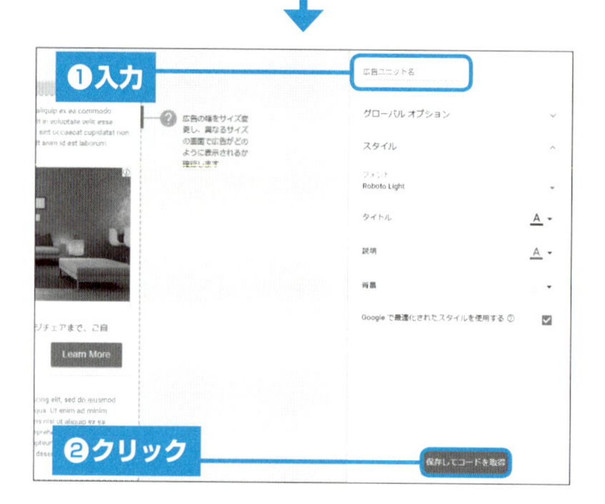

2 広告ユニット名に「記事中記事内広告」と入力して、<保存してコードを取得>をクリックして、広告コードを取得します。

4 ラージスカイスクレイパー広告の作成方法

サイドバーに設置する大きめの広告として、ラージスカイスクレイパー広告を設置しましょう。ラージスカイスクレイパー広告の作成方法を解説します。

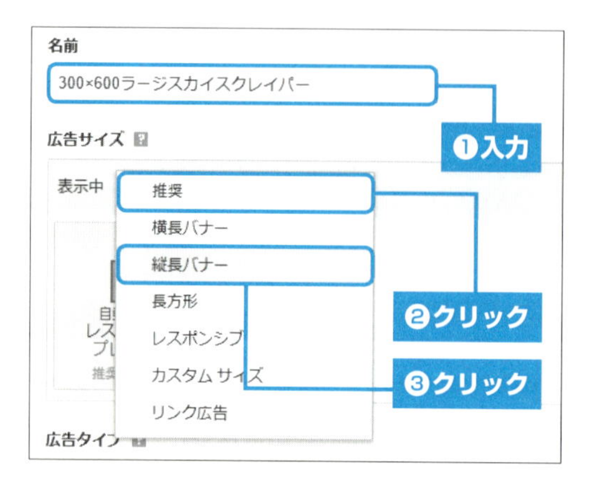

1 アドセンスの管理画面から<広告の設定>→<広告ユニット>→<新しい広告ユニット>→<テキスト広告とディスプレイ広告>の順にクリックします。名前の欄に「300×600ラージスカイスクレイパー」と入力し、「表示中」の<推奨>をクリックして、「縦長バナー」をクリックします。

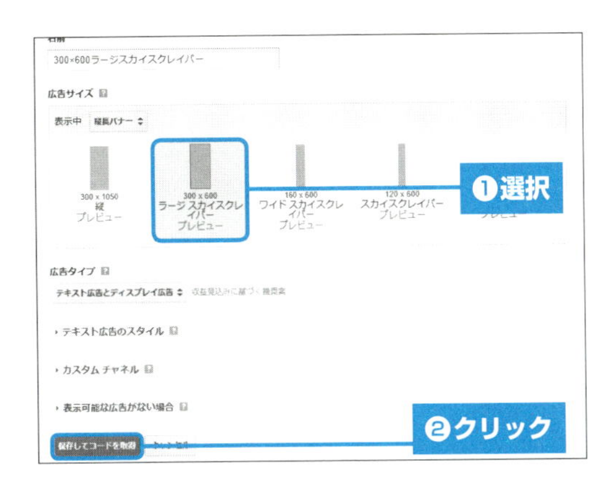

2 「ラージスカイスクレイパー」を選択し、<保存してコードを取得>をクリックして、広告コードを取得します。

5 関連コンテンツ広告の作成方法

関連コンテンツ広告はすぐには使用できません。ある程度条件が整わないとGoogleから使用が許可されない広告です。PVを多く集めたり、収益がたくさん発生するとGoogleから使用が許可されます。使用許可の基準の公開はされていませんが、筆者の経験では、月間10万PVくらいや月間収益額が5万円くらいで使用が許可されるのではないかと考えています。使用が許可されたら、記事下のリンク広告の下に設置しましょう。関連コンテンツ広告の作成の方法を解説します。

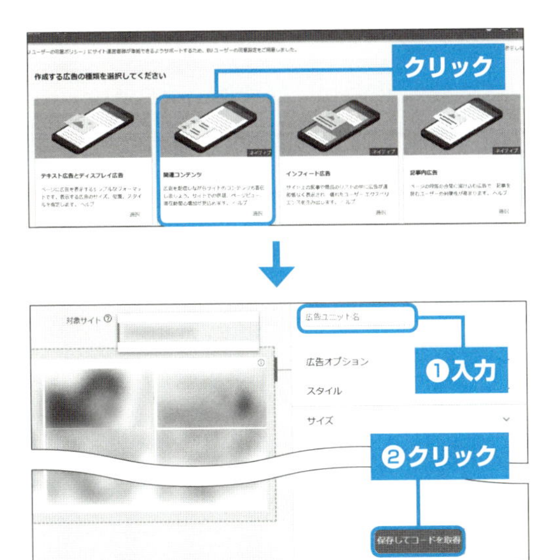

1 アドセンスの管理画面から<広告の設定>→<広告ユニット>の順にクリックして、<関連コンテンツ>をクリックします。

2 広告ユニット名に「関連コンテンツ広告」と入力して、<保存してコードを取得>をクリックし、広告コードを取得します。

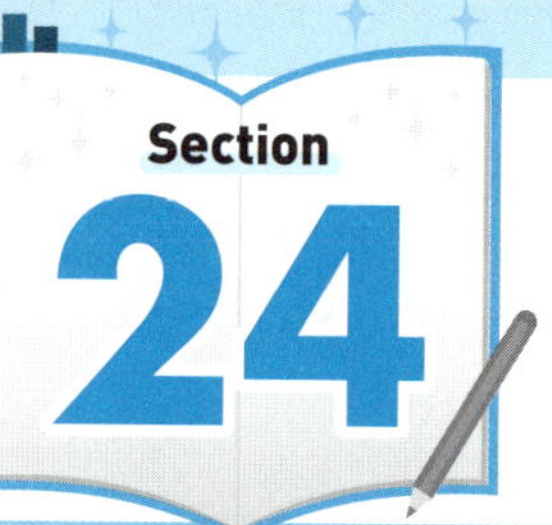

おすすめアドセンス広告記事上設置の方法

記事上にはレクタングル（大）の広告とリンク広告を設置します。全部のアドセンス広告の設置に共通しますが、設置をミスすると広告が表示されなかったり、デザインが崩れたりする可能性がありますので、落ち着いて確実に設置しましょう。

1 記事上広告設置

記事上の広告配置として、記事の始まりの導入文のすぐ下にアドセンス広告を表示させましょう。ここではWordPressのプラグイン「Master Post Advert」を使います。少し古いプラグインですが、2018年10月現在ではこれ以外の代替えプラグインがありませんので、このプラグインを使用します。付録のWordPress設定で解説しているおすすめプラグイン（P.187参照）どうしでは、不具合も起こることなく動作確認済みなので安心して使用できます。では、導入文の下に広告が表示されるように設定していきましょう。そのほかのブログサービスを使用している場合は、それらのマニュアルを参考にして設置してください。

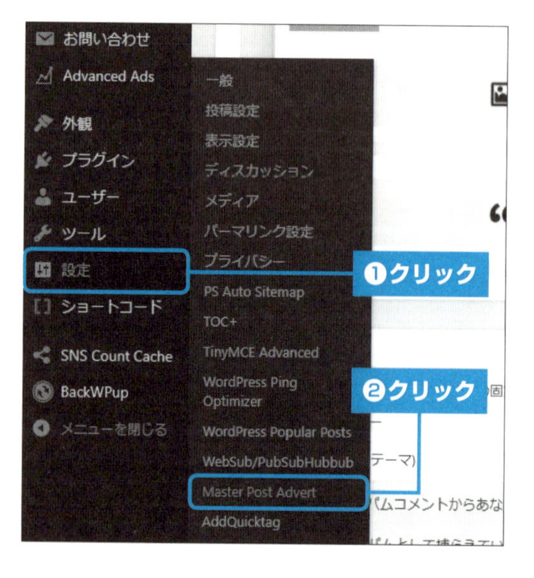

1 WordPressのダッシュボードから＜設定＞→＜Master Post Advert＞の順にクリックします。

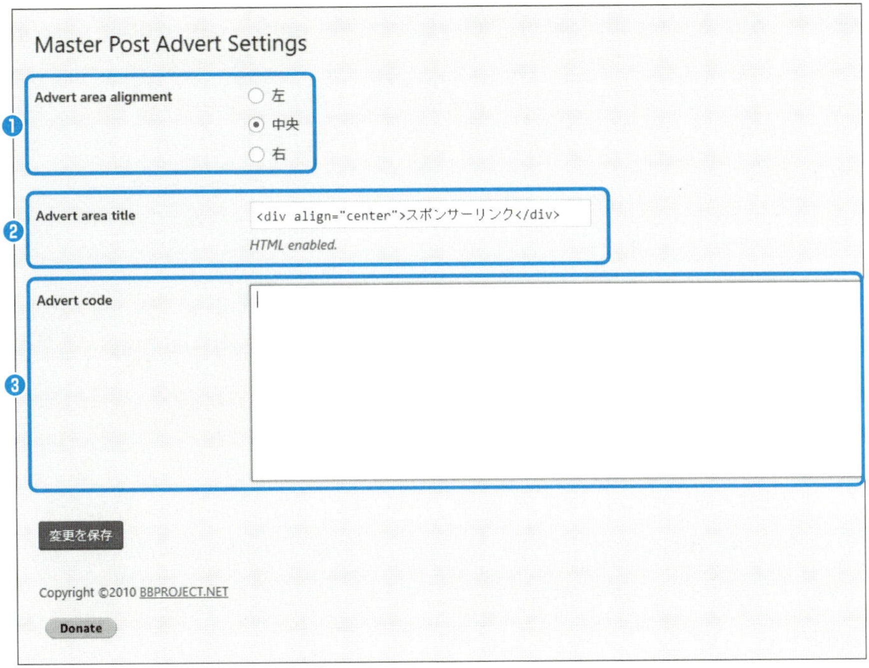

Master Post Advert Settings

❶ Advert area alignment　○ 左　◉ 中央　○ 右

❷ Advert area title　<div align="center">スポンサーリンク</div>
HTML enabled.

❸ Advert code

変更を保存

Copyright ©2010 BBPROJECT.NET

Donate

▲ Master Post Advert の表示された画面です。

①Advert area alignment

ここは「中央」を選択します。ここで中央を選択しておかないと、あとの広告などの中央寄せが反映されません。

②Advert area title

ラベル表記は必須ではありませんが、広告であることを伝えるためにラベル表記をすることをおすすめしています。ラベル表記は、「広告」か「スポンサーリンク」のいずれかしか認められていません。中央に表示させるために、以下のように入力しましょう。

```
<div align="center"> スポンサーリンク </div>
```

③Advert code

ここには、「広告コード」を貼り付けます。「記事上336×280レクタングル（大）の広告コード」「記事上リンク広告の広告コード」を続けて2つ貼り付けましょう。以下のように入力します。

```
<div align="center">
ここに記事上 336 × 280 レクタングル（大）の広告コード
ここに記事上リンク広告の広告コード
</div>
```

コードを間違わないように、書籍購入者様限定公開ページ（P.187参照）にアクセスし、サイトからコピーをおすすめします。コードをすべてコピーし、メモ帳などのテキストエディターに貼り付けます。次にそれぞれの広告コードを取得して、メモ帳などに貼り付けたテキスト内容を書き換えていきます。

- 「ここに記事上 336 × 280 レクタングル（大）の広告コード」と書かれている段落を「記事上 336 × 280 レクタングル（大)」のコードに書き換え
- 「ここに記事上リンク広告の広告コード」と書かれている段落を「記事上リンク広告」のコードに書き換え

すべて書き換えを終えたら、全文をコピーして貼り付けをし、最後に<変更を保存>をクリックして完了です。

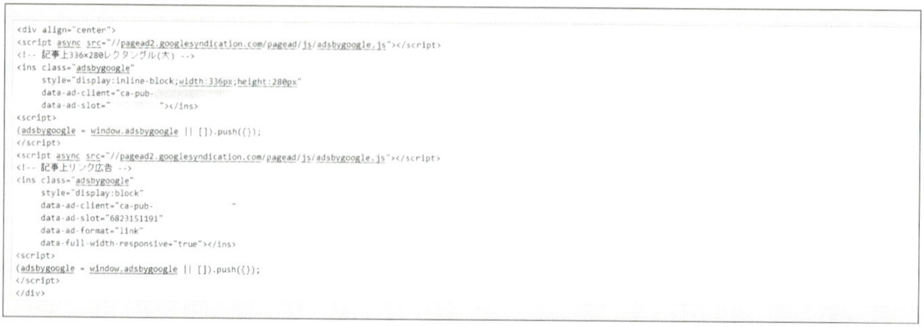

```
<div align="center">
<script async src="//pagead2.googlesyndication.com/pagead/js/adsbygoogle.js"></script>
<!-- 記事上336×280レクタングル(大) -->
<ins class="adsbygoogle"
     style="display:inline-block;width:336px;height:280px"
     data-ad-client="ca-pub-
     data-ad-slot="          "></ins>
<script>
(adsbygoogle = window.adsbygoogle || []).push({});
</script>
<script async src="//pagead2.googlesyndication.com/pagead/js/adsbygoogle.js"></script>
<!-- 記事上リンク広告 -->
<ins class="adsbygoogle"
     style="display:block"
     data-ad-client="ca-pub-                "
     data-ad-slot="6823151191"
     data-ad-format="link"
     data-full-width-responsive="true"></ins>
<script>
(adsbygoogle = window.adsbygoogle || []).push({});
</script>
</div>
```

▲ コードを入力したあとの画面です。

2 moreタグの使い方

記事上広告を表示させるためにmoreタグを使用する方法を解説します。

導入文を書いたあとに▤をクリックすると、導入文と本文の間に「MORE」と表示された点線が挿入されます。これをmoreタグと呼びます。プラグイン「Master Post Advert」は、moreタグ以下に設定内容を表示してくれますので、moreタグを挿入することで自動で導入文の下にアドセンス広告を表示してくれます。

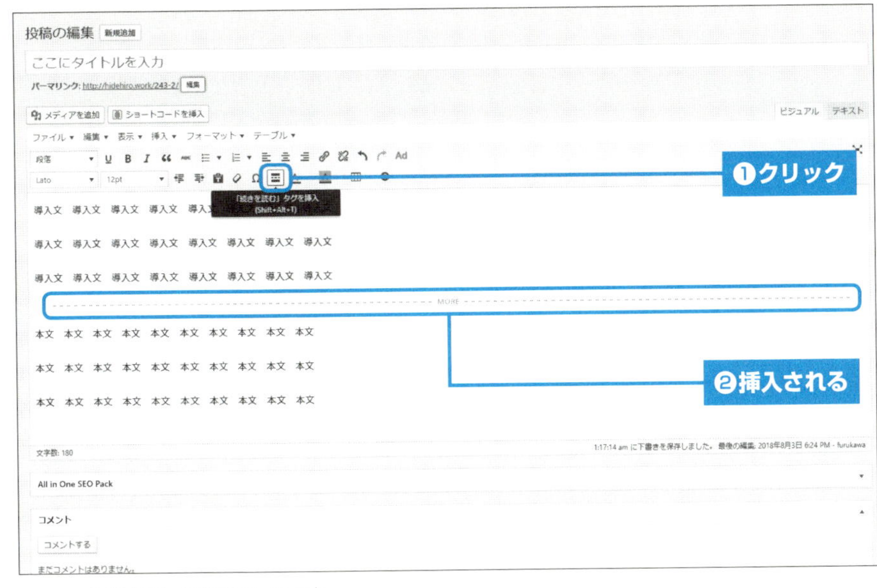

▲ more タグを使うと点線が挿入されます。

Point moreタグは絶対に設置する

moreタグを設置しないと記事上広告がまったく表示されないので、うっかりmoreタグを設置することを忘れることがないように気を付けましょう。導入文を書いたらすぐにmoreタグを挿入するように習慣化させましょう。

Section 25 おすすめアドセンス広告記事下設置の方法

記事下のアドセンス広告の配置は、パソコンで横並びに2つ・スマートフォンで1つだけ記事下に表示されるように設置します。ここでは、なぜパソコンとスマートフォンの広告配置を区別しなければならないのかと、その設置方法を解説します。

1 パソコンとスマートフォンで区別して配置する理由

まず、パソコンで記事下に複数のアドセンス広告を配置する理由について解説します。読者が記事を読み終わった場合、次の3つの行動をとる選択肢があります。

- 読み終わったのでブラウザを閉じる
- 読み終わったので検索結果に戻る
- 読み終わったけど、このブログのほかの記事も見てみたい

つまり、**記事の最後は何かしらの行動をしようとする場所**です。ここにアドセンス広告を横並びに2つ置くことで、クリック率が高まります。

しかし、スマートフォン表示の場合、パソコンの配置と同じままでは、スマートフォンの画面は小さいため、広告が横並びにならず、縦並びになってしまいます。**これはプログラムポリシーの違反になってしまいますので、スマートフォンでは広告を1つしか表示させないようにします**。多くのブログでもこの配置が採用されており、クリック率が高くなり、収益化に向いています。

▲ 記事を読み終わり、目的を達成した場所にアドセンス広告があると、クリックされやすく効果的です。

2 パソコンとスマートフォンで区別して設置する方法

ここでは、筆者がおすすめしている有料WordPressテーマである「ELEPHANT」シリーズと「Seal」、無料WordPressテーマ「Giraffe」での配置方法を解説します。そのほかのWordPressテーマやブログサービスを使用している場合は、それらのマニュアルを参考にしてください。

```
<div align="center"> スポンサーリンク
<div class="pcnone">
ここにスマホで表示するアドセンス広告コード
</div>
<div class="smanone">
[colwrap][col2]
ここに PC で左に表示するアドセンス広告コード
[/col2][col2]
ここに PC で右に表示するアドセンス広告コード
[/col2][/colwrap]
</div>
</div>
ここに記事下リンク広告のアドセンス広告コード
```

ミスしないように、上記コードを、P.187の書籍購入者様限定公開ページからコピーをおすすめします。コードをすべてコピーし、メモ帳などのテキストエディターに貼り付けます。次にそれぞれの広告コードを取得して、メモ帳などに貼り付けたテキスト内容を書き換えていきます。

- 「ここにスマホで表示するアドセンス広告コード」と書かれている段落を「記事下スマホ 336 × 280 レクタングル（大）」のコードに書き換え
- 「ここに PC で左に表示するアドセンス広告コード」と書かれている段落を「記事下 PC 左 336 × 280 レクタングル（大）」のコードに書き換え
- 「ここに PC で右に表示するアドセンス広告コード」と書かれている段落を「記事下 PC 右 336 × 280 レクタングル（大）」のコードに書き換え
- 「ここに記事下リンク広告のアドセンス広告コード」と書かれている段落を「記事下リンク広告」のコードに書き換え

すべて書き換えを終えたら、全文をコピーしてください。

```
<div align="center">スポンサーリンク
<div class="pcnone">
<script async src="//pagead2.googlesyndication.com/pagead/js/adsbygoogle.js"></script>
<!-- 記事下スマホ 336×280レクタングル（大） -->
<ins class="adsbygoogle"
     style="display:inline-block;width:336px;height:280px"
     data-ad-client="ca-pub-                "
     data-ad-slot="          "></ins>
<script>
(adsbygoogle = window.adsbygoogle || []).push({});
</script>
</div>
<div class="smanone">
[colwrap][col2]
<script async src="//pagead2.googlesyndication.com/pagead/js/adsbygoogle.js"></script>
<!-- 記事下PC左 336×280レクタングル（大） -->
<ins class="adsbygoogle"
     style="display:inline-block;width:336px;height:280px"
     data-ad-client="ca-pub-                "
     data-ad-slot="          "></ins>
```

▲ コードを入力したあとの画面です。

3 コピーしたコードをWordPressに設置

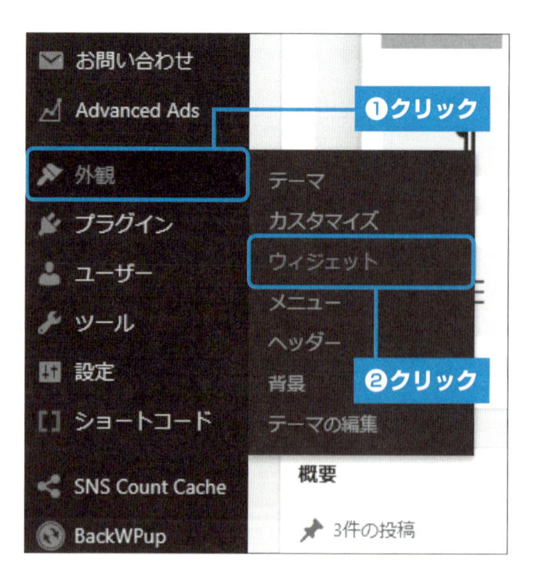

1 WordPressの画面で、ダッシュボードの<外観>→<ウィジェット>の順にクリックします。

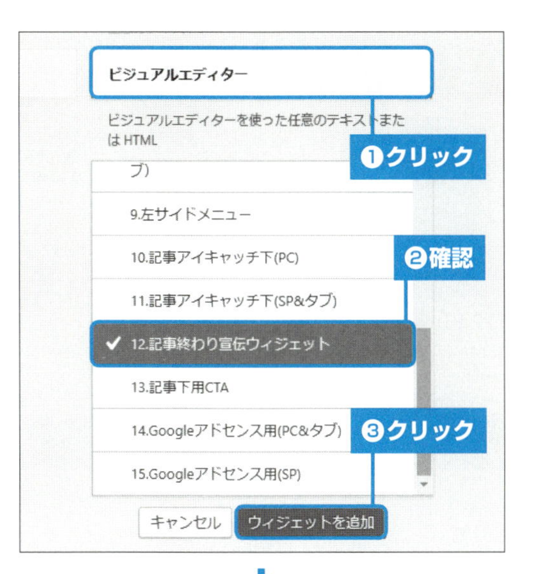

2 ＜ビジュアルエディター＞をクリックして、「1.2記事終わり宣伝ウィジェット」になっていることを確認し、＜ウィジェットを追加＞をクリックします。

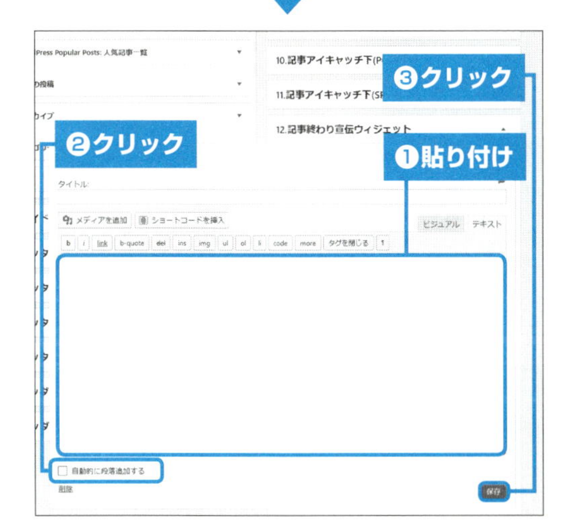

3 サイドバーに追加したビジュアルエディターを開きます。テキストタブをクリックし、P.90でコピーしたコードを貼り付けます。「自動的に段落を追加する」のチェックを外して、＜保存＞をクリックして完了です。ここまでできたら、ブログのどれかの記事を開いて、記事下広告が表示されている確認しましょう。

「パソコンでは記事下に横並びに2つ広告が表示されていて、その下にリンク広告が表示されている」、「スマートフォンでは1つだけ表示されていて、その下にリンク広告が表示されている」ことを必ず確認してください。さらに関連コンテンツ広告はすぐには使用が許可されませんが、使用可能になればリンク広告のアドセンスコードの下に関連コンテンツ広告のアドセンスコードを貼り付け、関連コンテンツ広告も表示させましょう。

おすすめアドセンス広告記事中設置の方法

記事上と記事下だけにアドセンス広告を設置していても、文字数の多いブログ記事では広告が目に触れる機会が少なくなります。そこで記事の途中にも広告を設置して、広告が目に触れる機会を増やし、収益アップをしていきましょう。

1 設定の項目

記事中に広告を設置するために、WordPressプラグインAdvanced Adsを使用します(P.187の書籍購入者様限定公開ページ参照)。Advanced Adsの設定は一気にやり終えてしまわないと、ここでの解説内容と操作が変わってしまうことがあるので、一気に最後まで終わらせてしまいましょう。そのほかのブログサービスを使用している場合は、それらのマニュアルを参考にしてください。

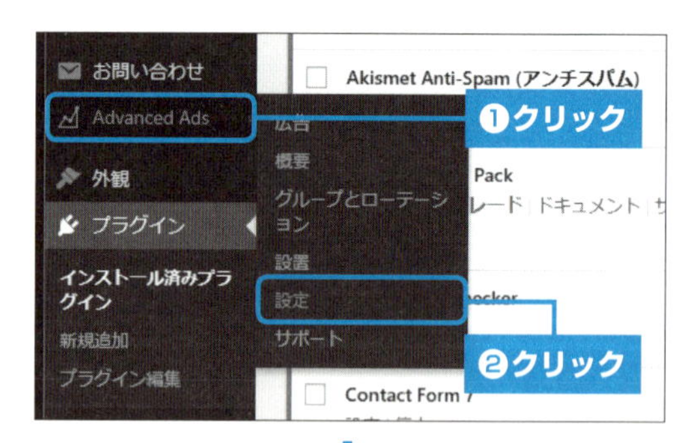

1 WordPressの画面で、ダッシュボードの<Advanced Ads>→<設定>の順にクリックします。

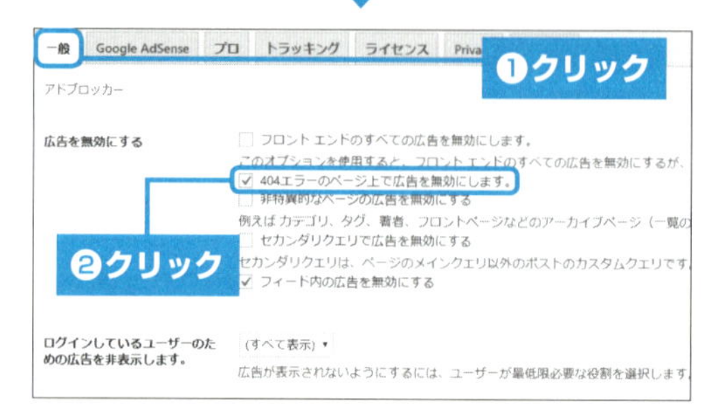

2 <一般>をクリックして、「404エラーのページ上で広告を無効にします。」にチェックを入れます。

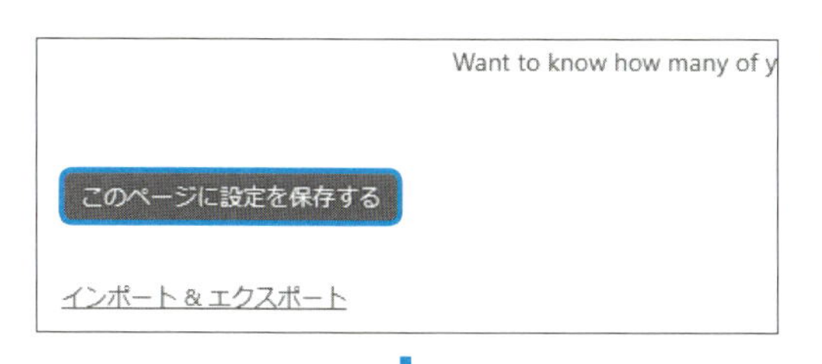

3 画面を下方向にスクロールして、＜このページに設定を保存する＞をクリックします。

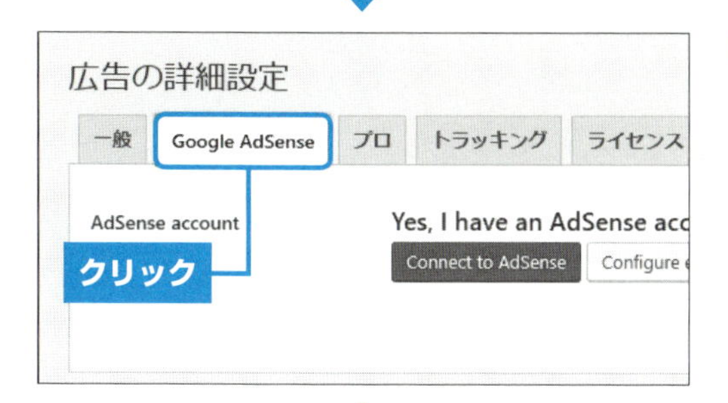

4 ＜Google AdSense＞をクリックします。

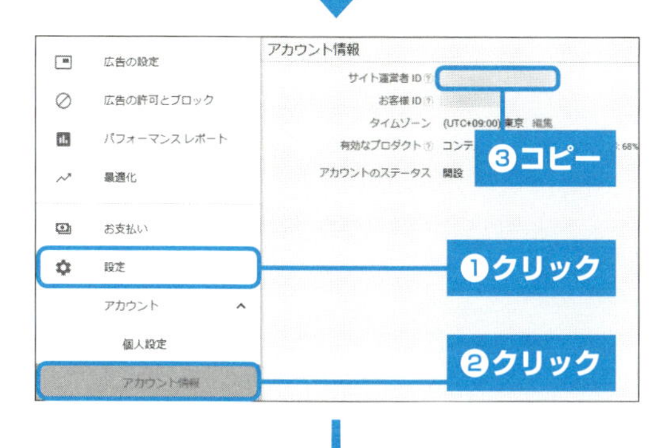

5 Googleアドセンスの画面を開き、＜設定＞→＜アカウント情報＞の順にクリックして、サイト運営者IDをすべてコピーします。

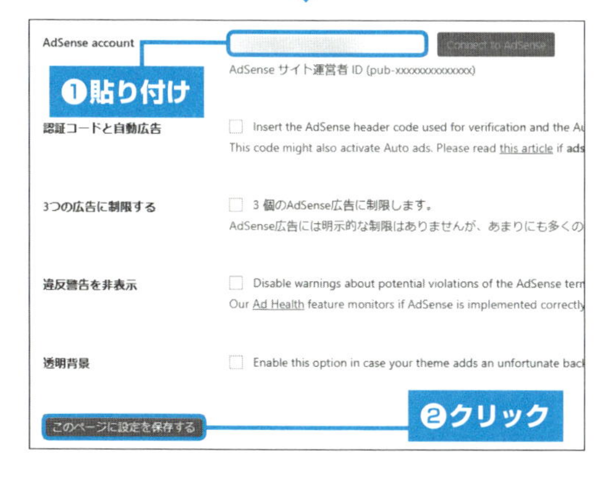

6 WordPressの画面に戻って、コピーしたサイト運営者IDを貼り付け、＜このページに設定を保存する＞をクリックします。

2 広告の項目

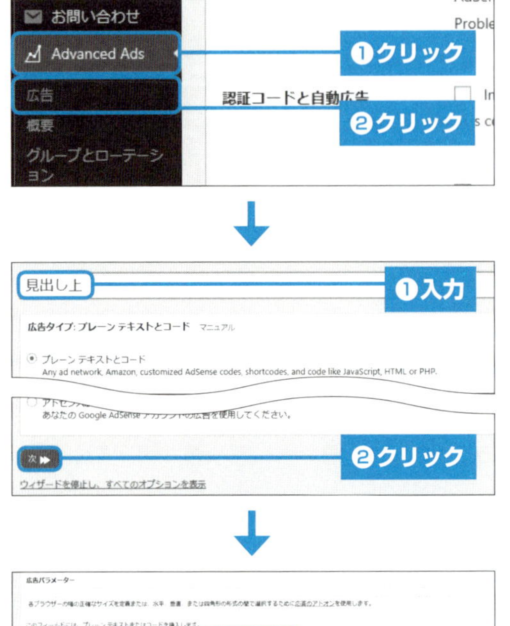

1 WordPressの画面で、ダッシュボードの＜Advanced Ads＞→＜広告＞の順にクリックします。

2 タイトル入力欄に「見出し上」と入力し、＜次＞をクリックします。

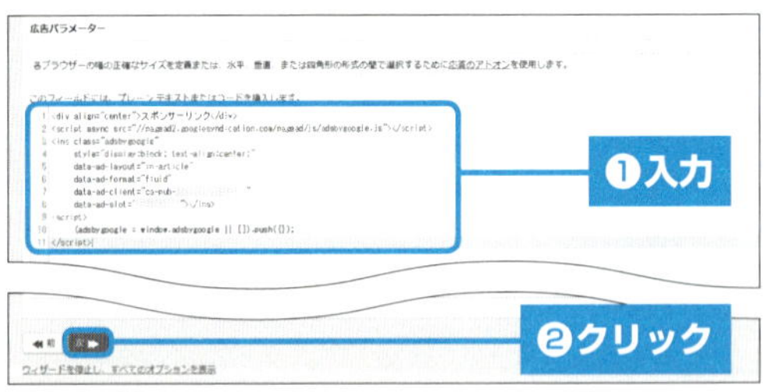

3 コード入力欄に以下の内容を記述して、＜次＞をクリックします。

```
<div align="center"> スポンサーリンク </div>
ここに記事内広告のアドセンス広告コード
```

ミスしないように、上記コードを書籍購入者様限定公開ページ（P.187参照）からコピーをおすすめします。コードをすべてコピーし、メモ帳などのテキストエディターに貼り付けます。次にそれぞれの広告コードを取得して、メモ帳などに貼り付けたテキスト内容を書き換えていきます。「ここに記事内広告のアドセンス広告コード」と書かれた段落を「記事内広告のアドセンス広告コード」に書き換えます。

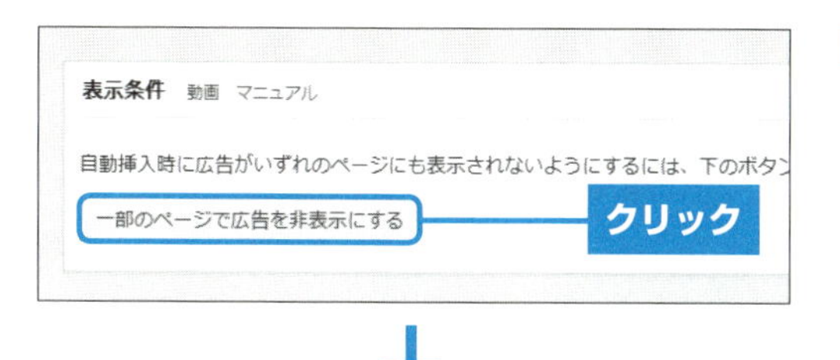

4 「表示条件」の<一部のページで広告を非表示にする>をクリックします。

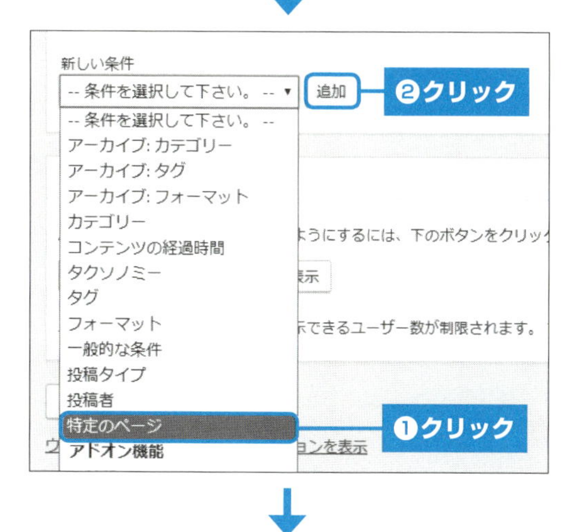

5 「新しい条件」で<特定のページ>をクリックして選択します。選択したら<追加>をクリックします。

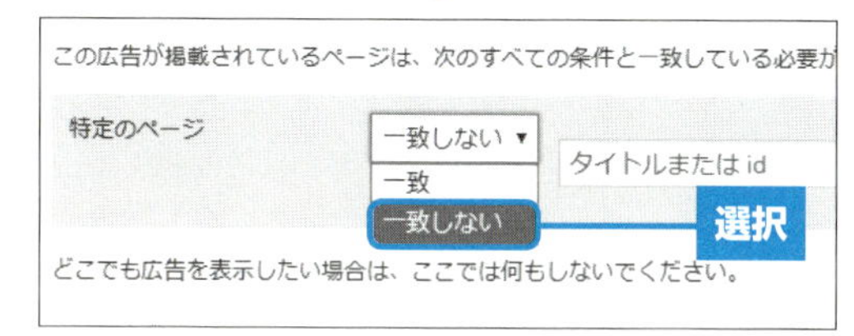

6 条件を選択します。今回は<一致しない>を選択します。

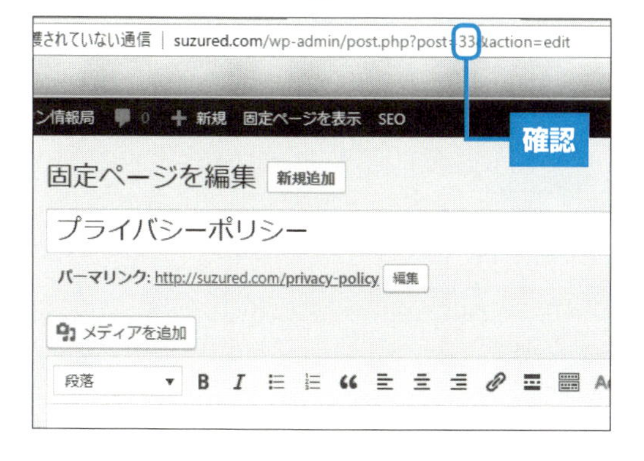

7 固定ページにはアドセンス広告が必要ないので、表示させないために固定ページすべてのIDをすべてチェックし、メモしましょう。URLに表示されている「post=」の後ろの数字が固定ページIDです。

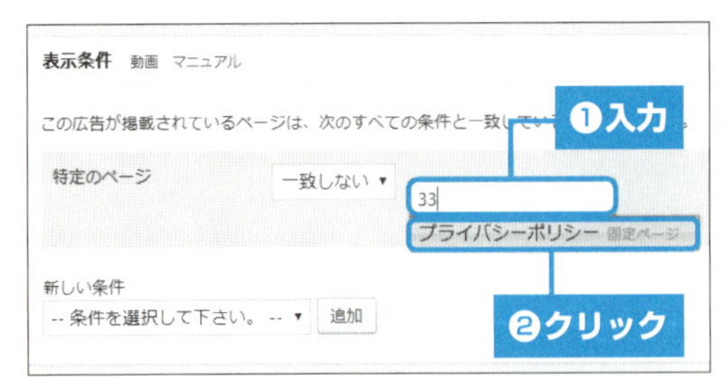

8 P.95手順 7 でメモした固定ページIDを入力して、表示された固定ページのタイトルをクリックします。

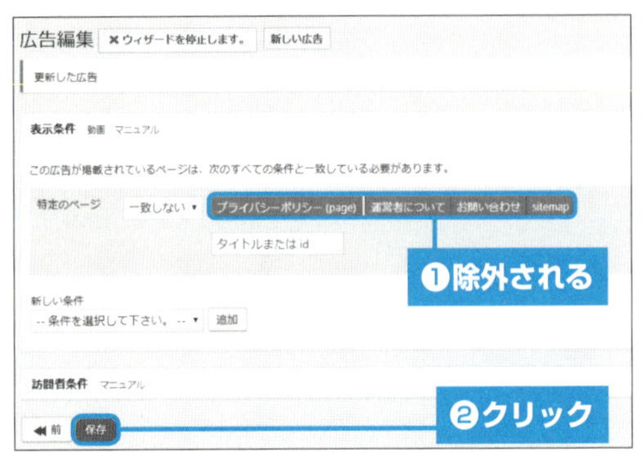

9 作成しているすべての固定ページがすべて除外できます。＜保存＞をクリックします。

3 設置の広告

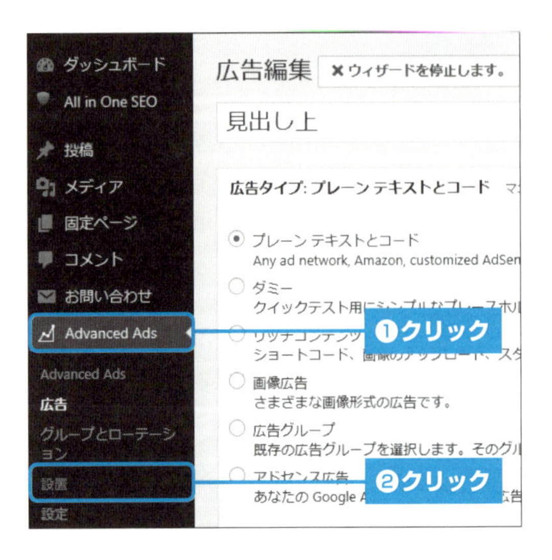

1 WordPressの画面で、ダッシュボードの＜Advanced Ads＞→＜設置＞の順にクリックします。

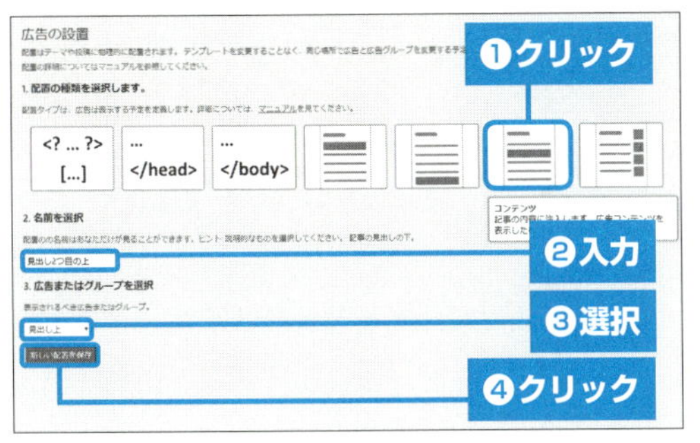

2 配置の種類を選択します。右から2番目の「コンテンツ」をクリックします。「名前を選択」に「見出し2つ目の上」と入力し、「広告またはグループを選択」で＜見出し上＞を選択します。最後に＜新しい配置を保存＞をクリックします。

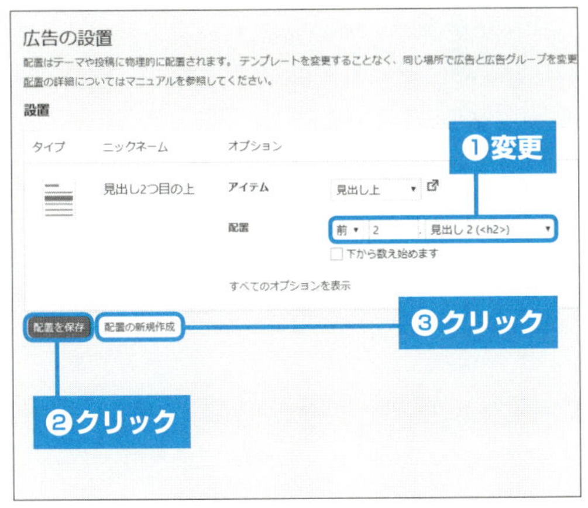

3 オプションの配置を＜前＞＜2＞＜見出し2(<h2>)＞と変更し、＜配置を保存＞をクリックします。ここまで終わったら、見出し2つ目の上に広告が表示されているか確認しましょう。広告が表示できていれば、＜配置の新規作成＞をクリックし、見出し3つ目以降の上にも広告が表示されるように5つくらい量産します。

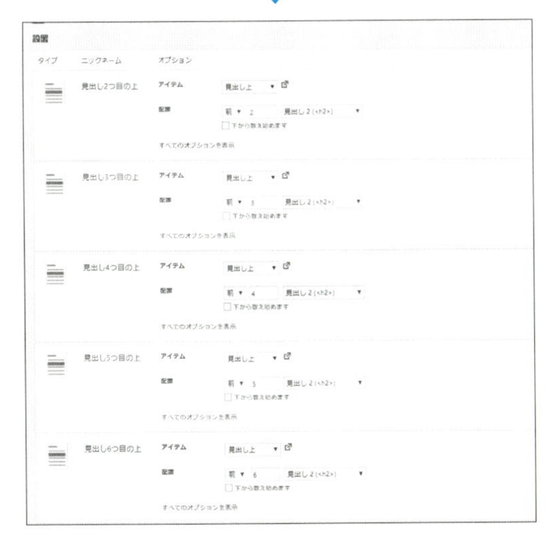

4 量産できれば、左画面のように表示されます。念のために2つ目以降の見出し上に記事内広告が表示されているか確認しておきましょう。

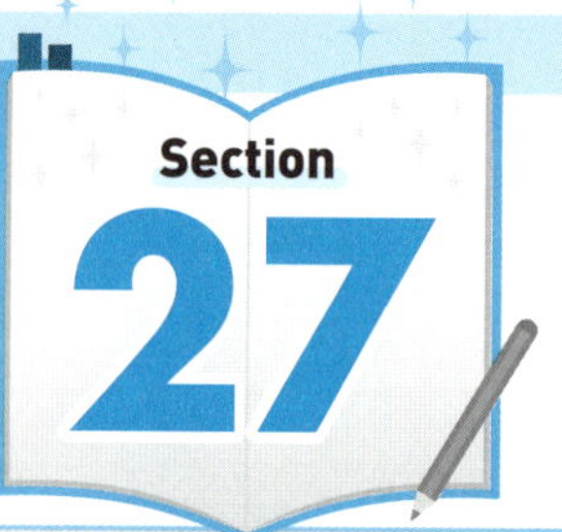

おすすめアドセンス広告サイドバー設置の方法

サイドバーにも広告を配置しましょう。サイドバーには、できるだけ情報量が多くて視線が向く広告を配置します。サイドバーはスマートフォンでは、記事の下に表示されてしまいますが、設置しないのはもったいないので設置しましょう。

1 サイドバーのアドセンス広告の設置方法

サイドバーのアドセンス広告の設置には、ウィジェットを使用します。途中までは記事下広告の設置方法と同じなので、手順通りに操作していくだけでかんたんに設置できます。WordPress以外のそのほかのブログサービスを使用している場合は、それらのマニュアルを参考にしてください。

```
<div align="center"> スポンサーリンク
ここにラージスカイスクレイパーのアドセンス広告コード
</div>
```

まず、ミスしないように上記コードを書籍購入者様限定公開ページ（P.187参照）からコピーをおすすめします。コードをすべてコピーし、メモ帳などのテキストエディターに貼り付けます。次にそれぞれの広告コードを取得して、メモ帳などに貼り付けたテキスト内容を書き換えていきます。

2 コピーしたコードをWordPressに設置

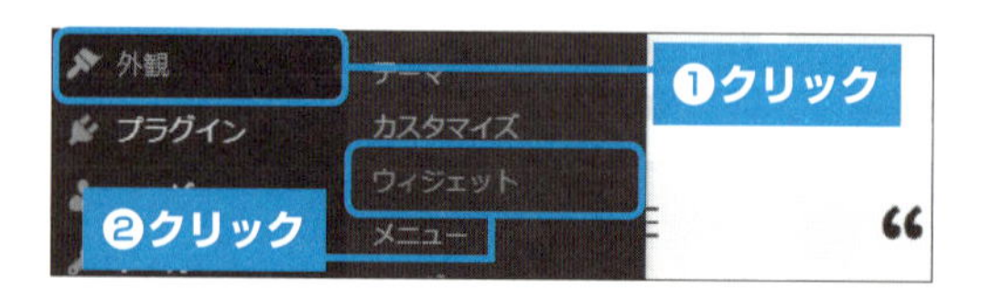

1 WordPressの画面で、ダッシュボードの<外観>→<ウィジェット>の順にクリックします。

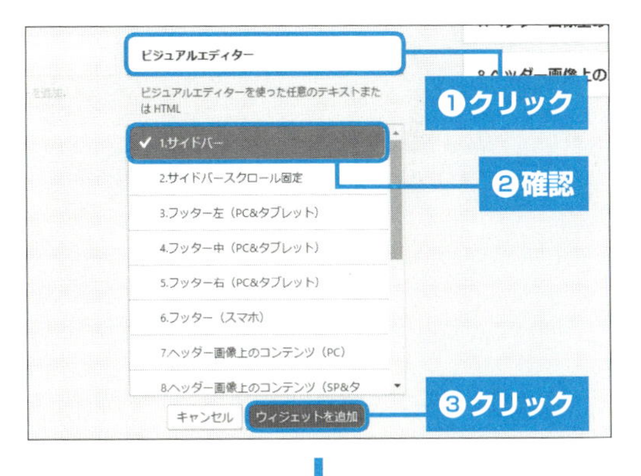

2 ＜ビジュアルエディター＞をクリックして、「1.サイドバー」になっていることを確認し、＜ウィジェットを追加＞をクリックします。

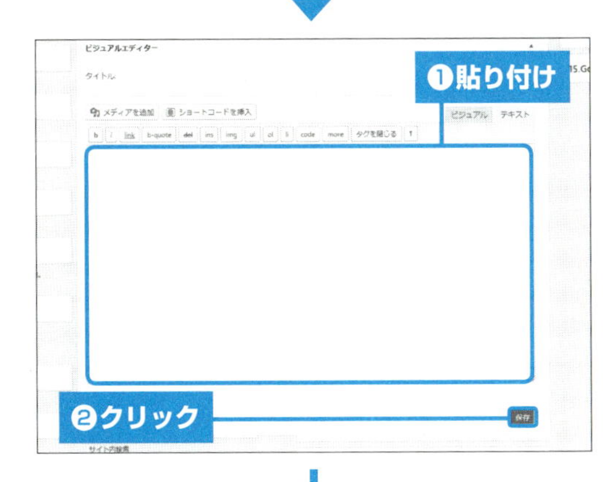

3 サイドバーに追加したビジュアルエディターを開き、テキストタブをクリックします。コピーしたコードを貼り付け、＜保存＞をクリックします。

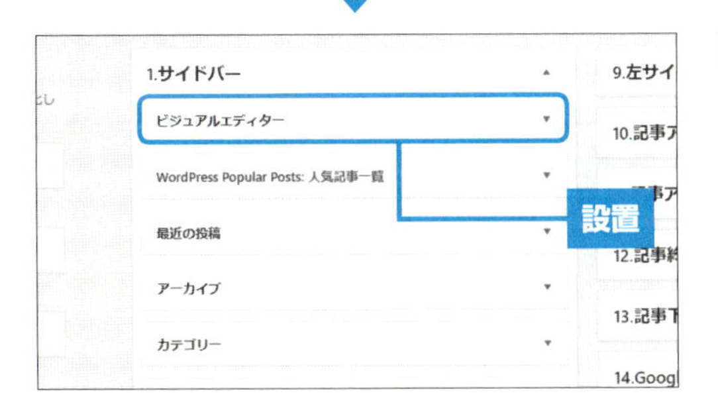

4 サイドバー内のいちばん上まで「ビジュアルエディター」を移動させて完了です。ブログを確認して、サイドバーのいちばん上にラージスカイスクレイパーの広告が表示されているか確認しましょう。

Point **設置が終わってすぐに広告が表示されてなくても大丈夫**

作成したばかりのアドセンス広告を設置した場合、広告が表示されず大きな空白が表示される場合もあります。それは広告が表示されるスペースなので、時間が経てば広告が表示されます。少し時間を置いて確認するようにしてください。

Section 28

Googleからのアドバイスを参考にしてテストしてみよう

アドセンス管理画面では、Googleからあなたのアドセンス広告の運用のしかたなどをアドバイスしてもらえることがあります。うまく収益化できない場合は、まずGoogleからアドバイスを参考にしましょう。

1 アドセンス管理画面にGoogleからアドバイスがもらえる

アドセンスの管理画面では、広告ユニットを作成したり、レポートを見たり、収益額の確認をしたりできます。しかし、それだけになりがちですが実は管理画面では**Googleからメッセージが届き、使用できる広告や収益額を上げる方法などのアドバイスがもらえるのです**。収益のことだけを考えて管理画面を見るのではなく、メッセージも必ず確認するようにしましょう。メッセージには、収益が増加する可能性がある内容などのアドバイスが表示されます。**関連コンテンツ広告も使用できるようになるとここに表示されます**。アドバイスがあったら参考にして実行してみましょう。実践することによって収益額が増加した実例も多くあります。

2 Googleからのメッセージは最適化の項目にある

Googleからのメッセージは、管理画面の左メニューにある<最適化>という項目をクリックすると表示されます。すぐに実行できそうなアドバイスの場合は、すぐに実行してみましょう。

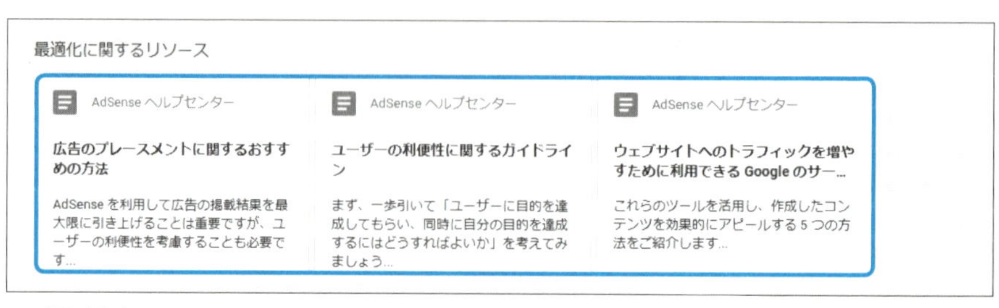

▲「最適化」の項目には Google からのメッセージが表示されます。

3 テストをして比較することでよりよい結果を知ることができる

たとえば、広告ユニットの変更に関してGoogleからアドバイスをもらった場合、アドバイス通りに実行してみても、よい結果が出るのか不安になります。そこでアドセンスの管理画面でテストを行うことができます。

管理画面のメニューにある<テスト>という項目をクリックします。テストを作成し、テストを開始する設定をすると自動で計測が始まります。一定期間が過ぎるとGoogleからテスト結果を返してくれます。

劇的に収益額が増えたり、クリック率が上がったりしたら、変更した結果がよくわかります。しかし、少しの結果しか反映されない場合、自分で結果をなかなか計測するのは難しいものです。分析に手間も時間も必要になります。しかも新しい広告や新しい機能が実装されると、自分だけの計測では厳しくなります。そういうときこそ、このテストはとても役に立ってくれます。

さらに収益がたくさん増えてきたら、型にはまらないあなただけの広告配置などを作成して、収益化のステップアップをしていくことを目指しましょう。

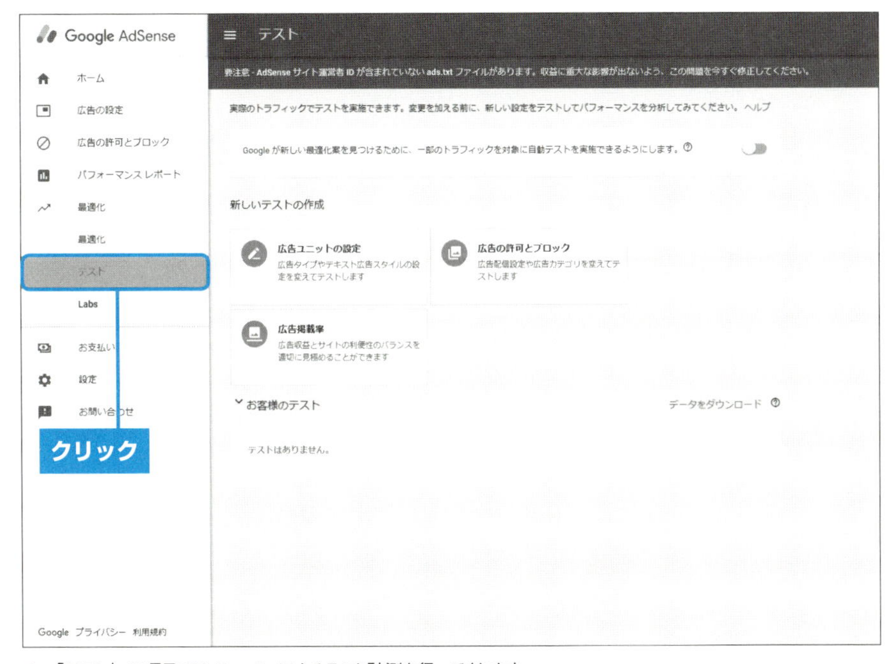

▲「テスト」の項目では Google によるテスト計測を行ってくれます。

Column

広告配置は収益化に大きく関係する

ネタ選定やキーワード選定がしっかりできていて、価値あるコンテンツが提供できているアクセスを集めるブログであっても、クリックされやすい広告配置でなければ、クリック率にどうしても差が出てしまい、収益にも雲泥の差が出てしまいます。クリック率1%の人と2%の人では、クリック率は倍違うため、収益も倍違ってきてしまいます。収益額が大きくなればなるほど、その影響が大きく生じてしまいます。そのようなもったいないことにならないためにも、筆者がおすすめするベストな広告配置で広告を設置しましょう（P.78参照）。

筆者の知人のブログに解説した広告配置を設置してみたところ、収益が7倍にまで上昇した人がいます。筆者が何度も検証や分析をした結果の広告配置なので、必ず2%以上のクリック率を実現できます。

しかし、もっと大きな収益を得られるようになれば、この広告配置にこだわることなく、あなたのブログにとってベストな広告配置をテストしてみて、更なる収益化を目指してみましょう。そして、パソコンが主流だった時代にスマートフォンの登場により大きな変化が求められました。現時点でベストな広告配置だとしても、時代の移り変わりによって変化することも覚えておいてください。

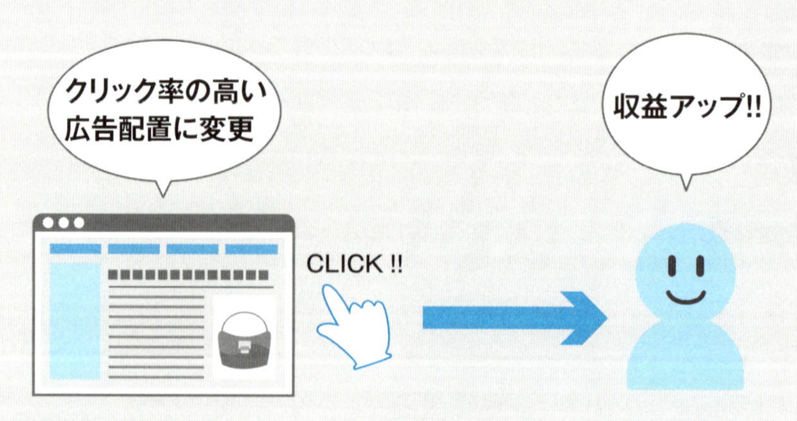

▲ 広告配置は収益に差が出るので、ベストな配置で設置しましょう。

第4章

記事のネタ選定とキーワード選定

Section 29 アクセスを集めるネタの種類を知ろう

ブログにアクセスを集める方法として、いちばん効果的な方法は「検索エンジンから集める方法」と「SNSから集める方法」です。ここではこの2つの方法に適しているネタの種類には、どのようなものがあるのかを解説します。

1 検索エンジンとSNSからアクセスを集めるネタの種類

アドセンスで収益化する方法は、「検索エンジンからアクセスを集めること」と「SNSから集めること」の2つがほとんどです。ほかにも選択肢はありますが、とくにこの2つを重視していくことで、アクセスが多く集まり収益化の近道になります。

「知りたいことが解決できる内容」や「ついつい読んでしまう内容」、「面白・感動・共感系の内容」などは検索されやすく、SNSでもシェアされやすいネタになります。

2 主なネタの種類の例

◉解決情報ネタ

解決情報ネタは検索エンジンでも上位表示されやすく、さらにSNSでもシェアされやすいです。悩みが深い内容の疑問に親身になって答え、しっかり解決できる内容を書いてあげるとよい記事ができあがります。たとえばメインキーワードを「ワンオペ育児」とし、複合キーワードを「限界」「専業主婦」として組み合わせた「ワンオペ育児　限界」「ワンオペ育児　専業主婦」などのキーワードで上位表示できれば、ブログにアクセスが期待できます。

例：ワンオペ育児はもう限界！？ 託児付きの市運営の講座で見事解消！

◉おすすめ、比較、まとめネタ

場所、商品、方法などを探している人に対して、需要のある記事になります。たとえば「2018年最新ノートパソコン　おすすめ」「カメラ初心者用　まとめ一覧」 などのキーワードで上位表示できれば、興味を惹くことができます。

◉ニュースや話題性のあるネタ

インターネットニュースや世間で話題になるネタは、多くの人たちが注目し、知りたがる内容が満載です。長い期間アクセスを集め続けることはできなくても、検索エンジンから短い期間に大きなアクセスを集めることが可能性です。

例：発売日前の話題のゲームのダウンロード版の配信時間や安い購入方法はこれ！

◉芸能人・有名人のネタ

芸能人・有名人のネタは、爆発的にアクセスが集まる可能性と、定期的に検索されるという利点があります。有名な人が何か話題になったときや、有名でない人でもあるタイミングでいきなり有名になる場合もあるので、タイミングを狙って記事にすることで、大きなアクセスを集めることができます。

例：○○○○の結婚相手 IT 会社社長の経歴や収入が驚くほど凄過ぎる！

◉テレビ番組やイベントの仕込みネタ

テレビ番組や近々行われるイベントなどを先に記事にしておくことで、その時期が到来したときに、検索結果に上位表示できていることで大きなアクセスを集めることができます。話題性が高いほどSNSでもシェアされやすいです。

例：テレビ番組○○で紹介！ 5 秒スクワットの効果を詳細解説

◉面白・感動・共感系のネタ

これらのネタを記事にすると、とくにSNSでシェアされやすいです。話題性のあるネタだと大きなアクセスが期待できますし、話題性のないネタでも大きなアクセスは期待できないですが、継続的にアクセスが集まります。

ネタを探してくる場所を知ろう

アクセスが集まるネタを選定するには、ネタを探す場所を知っている必要があります。アクセスが集まる可能性が高まるネタの選定場所を知って、ネタの空振りをしないようにしましょう。

1 話題性のあるネタの見つかりやすい場所を選定する

大きなアクセスを集めるために有効な条件は、話題性があることです。話題性がある人やものには、世間の人たちは必ず注目します。逆に話題性のないことに人は見向きもしません。過去に話題になったことなど、話題になる可能性もないことは避け、**今まさに話題性のあることやまもなく話題になるようなことをネタとして選定しましょう。**

◉Yahoo!ニュース

Yahoo!JAPANトップページの検索ウィンドウのすぐ下に掲載されているニュースの内容の中に、まだ話題にもなっていないネタがあれば、そのネタを情報元として記事にしていきます。誰も記事していないお宝のネタがあれば、あなたが検索結果を独占できる場合もあり、ここを活用できる割合は高いです。

Yahoo! JAPAN
URL https://www.yahoo.co.jp/

◉Yahoo! ウェブ検索の急上昇ワード

Yahoo! JAPANトップページの検索ウィンドウの<ウェブ>をクリックすると表示されます。

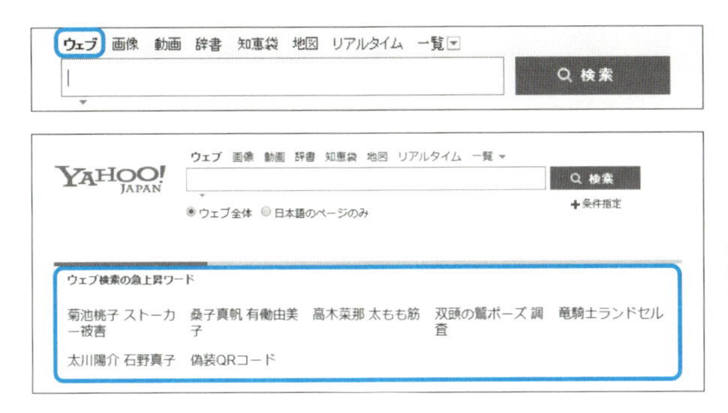

◀ ここではインターネットで検索されている急上昇ワードが表示されます。現在話題になっているキーワードが表示されているので、表示されている情報を調べ、よいネタがあれば、情報元から記事にしていきます。

◉Yahoo! リアルタイム

Yahoo! JAPANトップページの検索ウィンドウの<リアルタイム>をクリックすると表示されます。

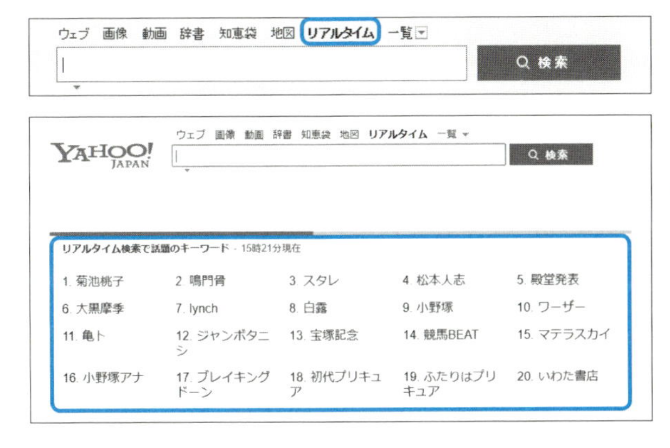

◀ ここでは、Twitterで現在人気になっているキーワードがランキングで20個表示されます。左上が1位、右下が20位という並びになっています。Twitterはリアルタイムでツイートをされる特性があるので、ニュースサイトより情報が早い場合があります。ニュースサイトに先回りして話題の情報を入手することも可能です。

☑Point ネタを選定するときのアドバイス

検索エンジンでアクセスが集まりそうなネタ、もしくはSNSでシェアされそうなネタを選定しましょう。ネタの種類はたくさんあるので、自分に合いそうなネタを選定することから始めていくとやりやすいです。ネタ選びに有料ツールを使う必要はありません。アドセンスの収益化は無料で十分成果が出るので、しっかり内容の濃い記事を書いて、ブログ運営をしていきましょう。

◉Yahoo!テレビ

テレビ番組表を見て、検索されそうな芸能人のことを記事にしていきます。とくに大物ではない話題の人をネタにするとアクセスが集まります。注目される番組内容や特集もチャンスで、無名の人が出演する場合は、「この人誰?」と思われ、検索されやすいです。人物以外でも、商品、サービス、イベントなどを記事することもできます。

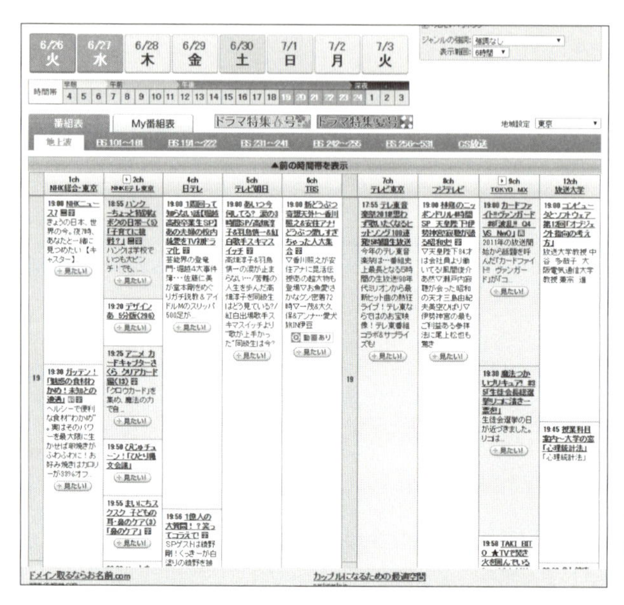

Yahoo! テレビ
URL https://tv.yahoo.co.jp/listings/realtime/

◉近い将来盛り上がりそうなネタ

ドラマの放送前や映画の放映前など、未来に向けてネタを仕込むことができます。ドラマや映画の公開前には、いろいろな情報が公開されます。「あらすじ」「キャスト」「主題歌」「ロケ地」などで上位表示できれば、間違いなくアクセスが集まります。また、これらの情報をさらに追いかけることで、「感想」「ネタバレ」へとネタを発展させていくことができます。それ以外では、大きく話題になった映画が地上波初放送になった場合なども狙い目です。

年中開催されているイベントも狙えます。イベントは、事前に日程が決まっているので、地元のお祭りや花火大会のその年の情報をまとめた記事などは、アクセスが集中します。地元以外では、毎年必ず話題になるバレンタインデーやクリスマスなどのシーズンネタの新情報もネタとして狙い目です。オリンピック、ワールドカップ、万博なども間違いなく盛り上がるネタなので仕込んでおくべきネタです。

◉ニュースアプリ

各ニュースサイトのアプリやスマートニュースなどでは、幅広いニュースが取り扱われています。一般人が好きなネタやジャンルに特化されているネタなど、たくさんの種類から選別できるので使いやすいです。

◉インターネット以外で知ったネタ

実はこれがいちばんライバルが少なく、アクセスが集められるネタです。ライバルはインターネットばかりに頼ってしまって、ほかからあまりネタを取り入れません。インターネット以外で知ったネタは圧倒的にライバルが少ないです。たとえばテレビ番組を見ていて知ったネタ、雑誌で特集されていたネタ、友だちに聞いたけれどまだ誰も知らないようなとくダネなど、こういうネタはまだインターネットで白紙状態なので、ライバルの多さに悩むことなく記事を書くことができます。

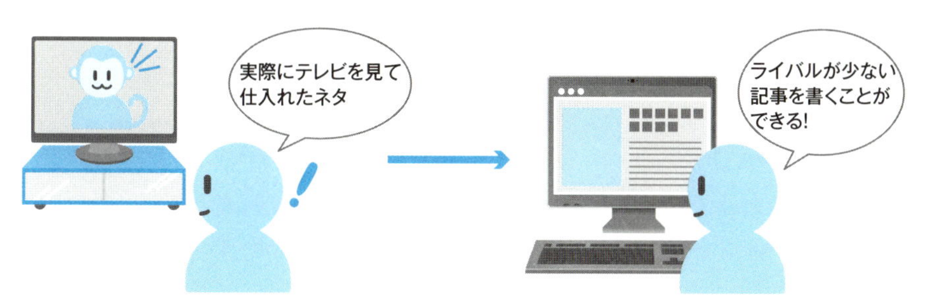

▲ インターネット以外で知ったネタはライバルが少なく、アクセスが集めやすいです。

☑Point 1つのジャンルに特化したブログ

いろいろなネタを取り扱うのもよいですが、1つのジャンルに特化したネタは記事内に関連リンクを設置しやすく、ブログの複数の記事を見てもらうことができて回遊率が上がります。ただしデメリットとしてネタ切れを起こしやすい面があります。

☑Point 書くべきおすすめネタは？

最近、人はテレビを見ないなどいわれていますが、それでもメディアの効果はとても強いです。テレビで紹介されて火が付いた人や物などはいくらでも存在します。少なくともメディア露出しているネタや今後メディア露出の予定があるネタは、外れる可能性が低いです。メディア露出から遠いネタでも、どこかでメディア露出する可能性がないかどうかを考えるだけでも、アクセスに大きく関わってきます。これらに注意してネタ選定をするようにして、アクセスアップの可能性を高めていきましょう。

Section 31

選んではいけないネタを理解しよう

実はネタ選定の段階で選んではいけないネタ・キーワードがあります。これを理解していないと、まったくアクセスの上がらないブログになり、収益化ができません。ここではその選んではいけないネタを解説します。

1 ネタを間違えるとなぜアクセスが集まらないのか?

ネタを選定する場所やネタは無数にありますが、選んではいけないネタを選んでしまうと、記事を書いてもアクセスが集まりません。アクセスが集まらないと収益化に結び付かないので、しっかり理解して把握しましょう。

どんなネタでも、確実にアクセスが集まるわけではありません。多くの人はアクセスが集まらず、結果収益化できず挫折してしまいます。アクセスが集まらないネタは、多くの人たちが関心を示さないネタです。**情報を知ってもそれに関心を示さないなら、わざわざ何かを検索しようとしません**。何も知りたい情報がないのに人は検索しないのです。これは当たり前のように思われるかもしれませんが、多くの人たちが無意識に検索されないネタを選定してしまいます。

▲ 関心のないネタは検索されません。

2 検索意図をしっかり理解する

情報を知った人が**それ以上に何かを知りたい内容のあるもの**をネタとして選定しましょう。「もっと知りたい」「疑問がある」「関心がある」など、つまり**知りたい情報＝検索意図**です。検索意図が明確なネタを選定する必要があります。そして検索意図があるネタには検索需要が必ずあります。たとえば、下記のネタには検索意図があり、検索需要があります。

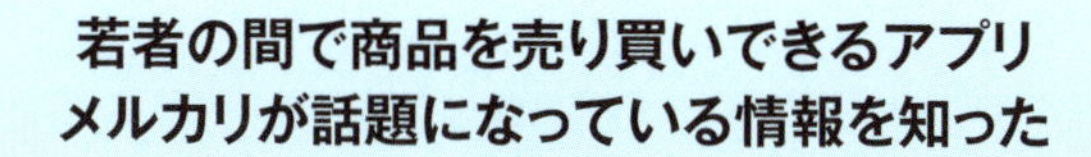

「メルカリって何?」
「メルカリがどんなものか知りたい」

検索意図

「メルカリについて調べてみよう!」

検索需要

▲「検索意図」と「検索需要」のフローチャートです。

誰も見ないようなネタを選んでもクセスが集まらないので、その情報のさらに先を知りたくて検索する検索意図があり、検索需要のありそうなネタを選定しましょう。

Point ネタ選定の基準は？

ネタは無数にあるので、まずあなたが関心を示したり、ピンと来たネタを選びましょう。次にそのネタの中に検索してまで本当に知りたい情報があるか？　を見極めましょう。これを明確に理解して把握していないとアクセスの集まらない記事になってしまいます。最初は失敗してもよいので数をこなして慣れていきましょう。

見つけたネタからキーワード選定する

どんなネタで記事を書くか決めたら、決めたネタに結び付くキーワードを決めていきます。キーワードは検索結果の上位表示を狙うためにも重要です。ここではキーワード選定について解説していきます。

1 関連キーワードからキーワード選定する

せっかくよいネタが選定できても、キーワード選定を誤るとまったくアクセスが集まりません。大きなアクセスを集めるためにキーワードの選定のしかたをしっかり理解しましょう。たとえば、夏休みの宿題で自由研究について検索する学生や学生の親が必ずいます。今回はこの自由研究を例に、キーワード選定してみましょう。

ここでは「自由研究」がメインキーワードとなり、これから探していくキーワードが複合キーワードとなります。**キーワード選定はメインキーワード+複合キーワードで選定していくと覚えましょう**。まずYahoo! JAPANの検索ウィンドウに「自由研究」と入力し検索します。自由研究に関する検索結果が表示され、Yahoo!であれば検索で需要のある関連キーワードが同時に表示されます。このキーワードは今もっとも需要がある関連キーワードです。**また、左にあるほど需要があるキーワードになります**。

ウェブ 画像 動画 辞書 知恵袋 地図 リアルタイム 一覧
自由研究 検索 +条件指定
約265,000,000件
検索ツール
自由研究 小学生 自由研究 中学 自由研究 まとめ方 自由研究 テーマ で検索
キーワードを選ぶだけで自由研究のテーマが見つかる！ 何にしよう…
benesse.jp/jiyukenkyu/sagasu.html - キャッシュ

◀ 検索窓の下に関連キーワードが表示されます。

検索結果直下以外に、画面下段にもたくさん関連キーワードがあります。下段の関連キーワードは上段のものよりは、需要はたしかにそれほどないかもしれませんが、需要があるからこそ関連キーワードとして表示されています。ここにある関連キーワードも十分使えるので、**選定できるキーワードであれば、どんどんキーワードとして使っていきましょう**。

◉必ずキーワードの底まで確認する

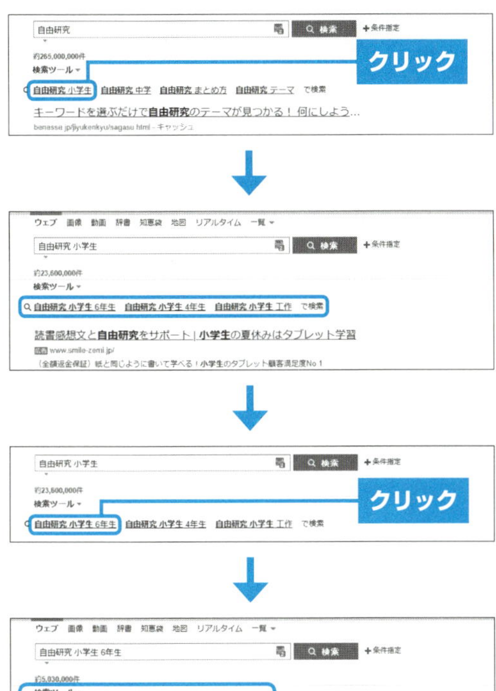

1 試しにキーワードの<自由研究　小学生>をクリックします。

2 「自由研究　小学生」の底のキーワードに「自由研究　小学生○○」という関連キーワードが表示されました。

3 <自由研究　小学生　6年生>をクリックします。

4 さらに「自由研究　小学生　6年生」の底のキーワードに「自由研究　小学生　6年生○○」という関連キーワードがありました。以降の関連キーワードは表示されませんでしたので、メインキーワードと複合キーワード3語の4語がキーワード選定の候補になります。

このように何度も何度も**関連キーワードが表示されなくなるまで、関連キーワードのクリックを続けてください**。なぜなら、底のキーワードほどライバルが少なく上位表示しやすいからです。さらに「自由研究　小学生　6年生　1日」というキーワードで記事を書いた結果、アクセスが集まることによって、狙った4語ではなく、3語の「自由研究　小学生　6年生」で上位表示、さらにアクセスを集めることにより、2語の「自由研究　小学生」で上位表示というように、いずれ単体の「自由研究」だけで上位表示させることが可能です。できるだけライバルが少ないところから、キーワード選定していきましょう。

2 サジェストキーワードからキーワード選定する

　サジェストキーワードとは、検索窓にキーワードを打ち込んだときに、同時に検索するキーワードの候補として表示される単語です。再度Yahoo! JAPAN検索してみて、サジェストキーワードでは2語しか出てこなかったキーワードでも関連キーワードが3語以上あれば、この3語以上でキーワード選定しましょう。まずは関連キーワードとサジェストキーワードをキーワード選定の候補とし、ライバルチェックをしていきます。この方法でライバルが少ないキーワードを見つけることができれば、キーワード選定は完了です。

◀ Googleの検索窓に「自由研究」と打ち込んで、スペースキーを1回押します。スペースを1回押すのは、サジェストキーワードのレパートリーを増やせるからです。

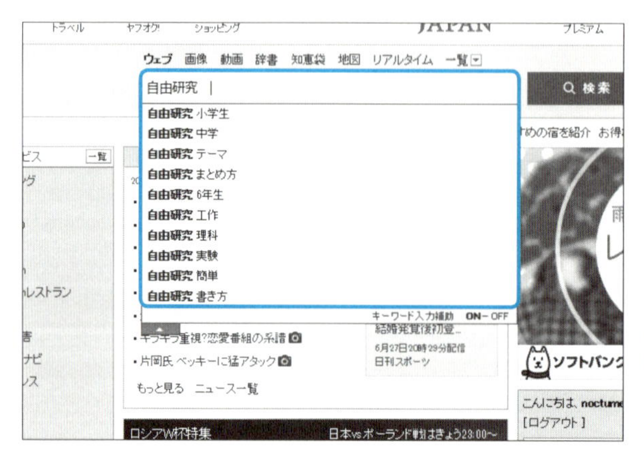

◀ Yahoo! でも同じようにサジェストキーワードを見つけることができます。Yahoo! の検索窓に「自由研究」と打ち込んでスペースキーを押します。Google サジェストキーワードでは表示されなかったサジェストキーワードが表示される場合がよくあるので、両方見てみることをおすすめします。

3 キーワードツールでキーワード選定する

ネタによっては関連キーワードとサジェストキーワードだけでは、ライバルが多く使えない場合もあります。そんなときに使えるキーワードツールを2つ紹介します。

Goodkeyword
URL https://goodkeyword.net/

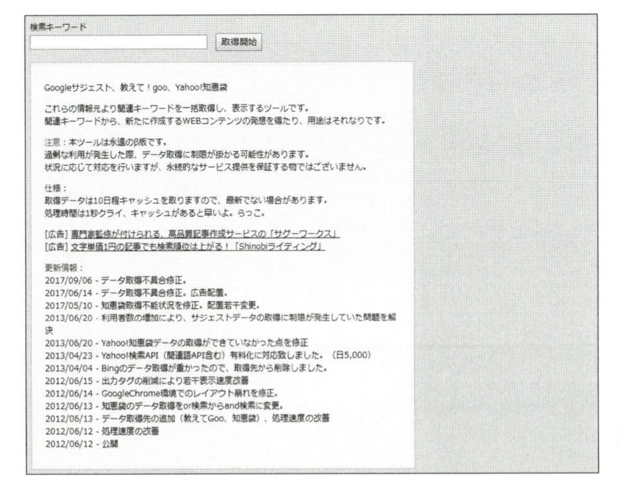

関連キーワード取得ツール
URL http://www.related-keywords.com/

2つともマイナーなネタにはキーワードの表示が少なく、メジャーなネタにはキーワードがたくさん表示されます。たくさん表示されると多過ぎて戸惑うかもしれませんが、選ぶべきキーワードは検索される可能性があるものです。キーワードツールで表示されるキーワードは、ある程度は需要のあるキーワードですが、あまりにも需要の低そうなキーワードは選ぶべきではありません。最低限あなたが検索されるだろうと思えるようなキーワードを選びましょう。

Section 33 ライバルチェックの重要性を理解しよう

キーワード候補が見つかっても、すでにライバルがいるキーワードでは、検索エンジンで上位表表示できません。そこで重要なのがライバルチェックです。ライバルチェックができたキーワードであれば、上位表示が見込めます。

1 キーワードのライバルチェックの基準

記事を上位表示させるには、ライバルの少ないキーワードが基本となってきます。さらにライバルがまったくいないライバル不在のキーワードで記事を書くことができれば、ますます上位表示がされやすく、アクセスもたくさん集まります。**大手サイトなどの強豪サイトなどに勝負を挑んでもドメインの弱いブログでは勝ち目がありません。**そこでキーワードをライバルチェックするときの基準を理解しましょう。

- すべてのキーワードが記事タイトルに含まれていない
- ディスクリプションにキーワードが含まれていない

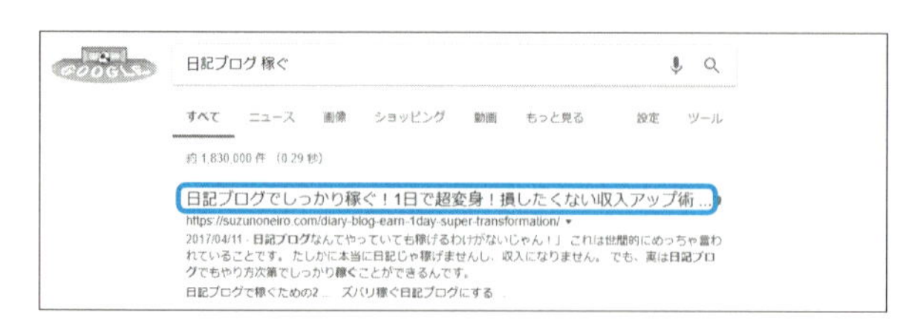

◀ 2017年当初ライバルが少ない「日記ブログ　稼ぐ」というキーワードを選定し、ライバルチェックをした結果、ライバルが少なかったので記事を書きました。このようにライバルが少ないキーワードを記事にすることで、上位表示できます。

◉すべてのキーワードが記事タイトルに含まれていない

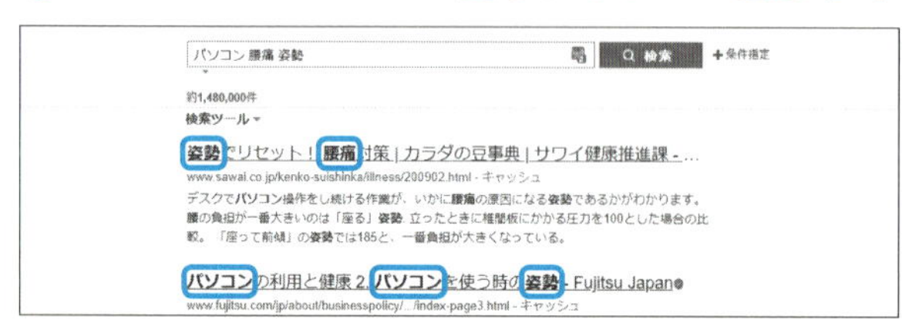

◀「パソコン　腰痛　姿勢」の検索結果1～3位の記事タイトルには、「パソコン　腰痛　姿勢」という3語のキーワードすべてが含まれているものがありません。1語や2語は含まれていますが3語すべてが含まれていないので、上位表示できる候補と判断できます。

◉ディスクリプションにキーワードが含まれていない

ディスクリプションとは、記事タイトルの下に書かれている記事内容の説明文のことです。「この記事にはどんな内容が書かれているんだろう?」と多くの人が記事タイトルをクリックする前に見るところです。ここもライバルチェックのときに気を付けなければいけないチェック項目です。

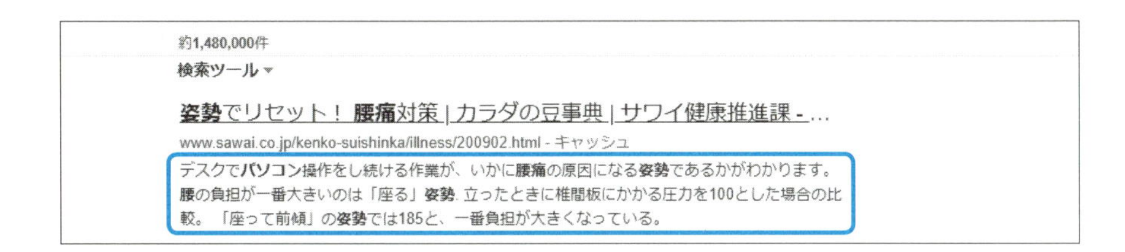

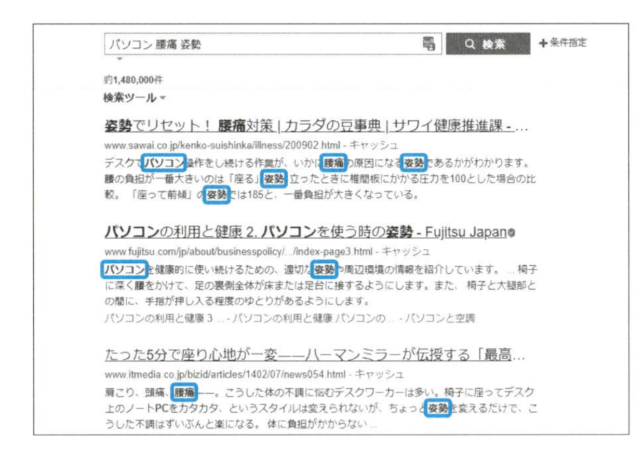

◀ 記事タイトルには「パソコン　腰痛　姿勢」すべてのキーワードが含まれていなくても、本文に書かれている単語に引っかかって上位表示されている場合がよくあります。

上記の記事よりあなたのブログのドメインが強い場合は問題がありませんが、あなたのブログのドメインが弱い場合は、記事タイトルにキーワードが入っていなくても本文に入っているだけで負ける可能性があります。ブログのドメインが弱いときは、ディスクリプションにキーワードが含まれていないか注意しましょう。判断が付きにくいときや自信がないときは、狙うキーワードに対して内容がしっかり書かれているか記事を見て判断しましょう。より厳格なライバルチェックをする場合は、1記事ごとに内容も見ることも必要になってきます。

上位表示されている記事がしっかり書かれている内容の記事だと思っていても、質の低い記事の場合もありますので、そういう記事を見つけた場合は、あなたがしっかりした内容を書くことによって、上位表示できる場合がよくあります。

2 このサイトがあればライバルチェックはかんたん

◉無料ブログが1つでもある

無料ブログとは、無料で利用できるブログのことで、以下の無料ブログサービスがあります。

- アメブロ
- FC2 ブログ
- ライブドアブログ
- Seesaa ブログ
- はてなブログ
- So-net ブログ
- goo ブログ
- Yahoo! ブログ
- 楽天ブログ
- エキサイトブログ
- 忍者ブログ
- JUGEM

ほかにもいろいろな無料ブログサービスがありますが、無料ブログを利用している人のほとんどが**趣味や遊び感覚の日記のような利用方法**で活用しており、真剣に収益化を考えている人はあまりいません。

◀ 検索上位に無料ブログが表示される場合は、ライバルとしてとても弱いと判断して大丈夫です。無料ブログが1つでもある場合は、率先して記事を書きましょう。

◉Q&Aサイトが1サイト以上ある

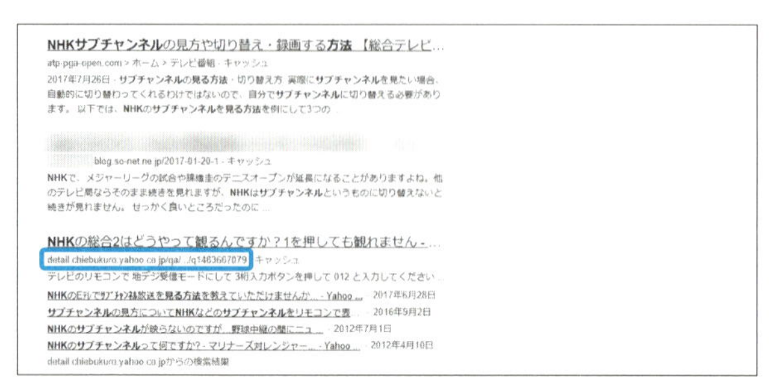

◀ 検索上位に Q&A サイトがある場合も、そのサイトより上位表示できる可能性が高いです。チャンスと思って記事を書きましょう。

3 こんなサイトがあれば要注意

キーワードのライバルチェックをする際に下記のような検索結果が表示されたら、キーワードを変更する必要があります。下記のような強豪サイトは、お金を掛けてSEO対策がされているか、すでに大きなアクセスを集めてドメインが強力になっています。このようなところに戦いを挑んでも絶対に勝てません。

- 専門知識を持っているサイト
- 国や自治体などの公的サイト
- 大手ニュースサイト
- 企業が運営しているサイト
- キュレーションサイト
- 特化ブログ
- ドメインの強いブログ

専門知識を持っているサイト	医療の専門サイトや学校法人が運営しているサイトなど
国や自治体などの公的サイト	国や自治体などの公的サイト
大手ニュースサイト	Yahoo! ニュース、ライブドアニュース、読売新聞ニュース、産経新聞ニュースなど
企業が運営しているサイト	Amazon、楽天市場、価格 .com、クックパッドなど
キュレーションサイト	NEVER まとめ、2 ちゃんねる、MERY、LAUGHY、キナリノなど（Wikipedia も含む）
特化ブログ	ある 1 ジャンルに特化しているブログ
ドメインの強いブログ	相当なアクセスを集めているであろうブログで、運営期間がとても長いブログ

キーワードのライバルチェックは、ライバルのいないキーワードを見つけて上位表示させせるための大切な作業です。初心者がこれからアクセスを集めるにはライバルチェックをし、しっかりとしたキーワード選定をする必要があります。

Point 書いた記事を無駄にしないために

ライバルチェックで手を抜いてしまうと、上位表示できなくなってしまい、ライバルに負けてしまう記事になってしまいます。キーワード選定時には、「勝てるキーワード」をしっかり選定し、勝てない複合キーワードは変更を繰り返しましょう。上位表示ができそうにない場合は、無理にキーワード選定をせずにそのネタを捨てることも考えましょう。

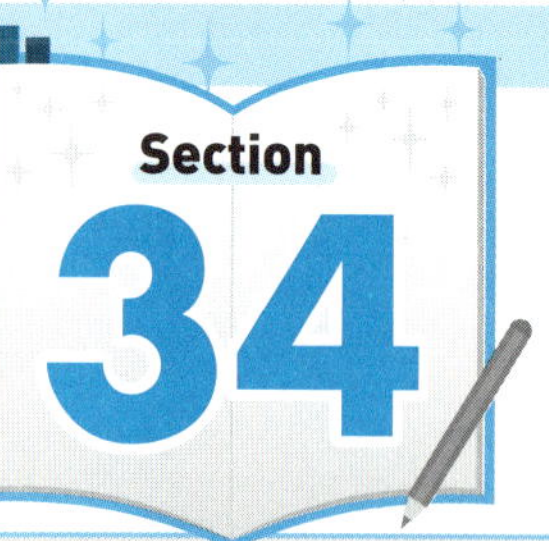

人が検索するキーワードを必ず選定しよう

ライバルが少ないキーワードを見つけて嬉しい気持ちになることは誰でもあります。しかし、それは果たして検索されるキーワードでしょうか？　ここで検索される・されないキーワードの違いの大切さについて解説します。

1 関連キーワードで検索されないキーワードがある

キーワードを選定しているときに、ライバルがいないキーワードを見つけても、そのキーワードですぐにキーワード選定を終了しないようにしましょう。**なぜなら、ライバルがいなくても人が検索しないキーワードがあるからです**。検索されないキーワードを見つけて記事を書いても検索されないので、アクセスはまったく集まりません。**ほとんどの人はこのミスをしてしまいがちです**。時間を掛けて記事を書いているのに、ミスを犯して記事を書くと時間がとてももったいないです。アクセスの集まる可能性のある記事をしっかり書きましょう。

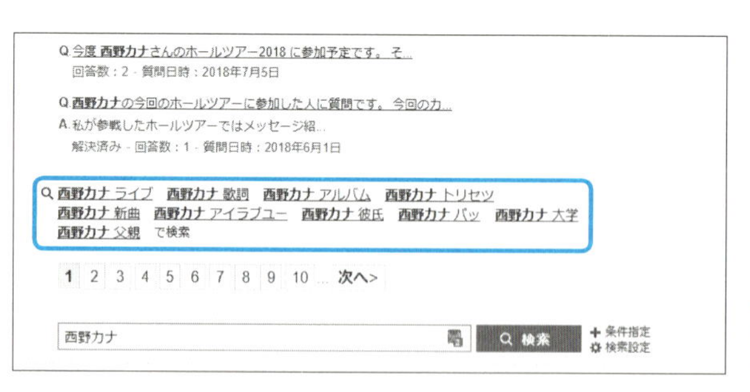

◀ 関連キーワードの中には検索されにくいキーワードも含まれています。

上の画像の関連キーワードの中にはたくさんの検索されないキーワードがあります。まず、曲名はファンしか検索しません。「ライブ」「歌詞」「アルバム」「新曲」は一般人が気になって検索する可能性はあるものの、それほど大きく検索される可能性は低いです。この芸能人が注目されたとき、大きくアクセスが集まりそうなキーワードは「彼氏」「大学」「父親」の3つしかありません。10個のキーワードがありますが、実はキーワードとして使えるキーワードは3つしかないのです。ほかの7つのキーワードで上位表示できたとしても、世間の人たちはあまり興味のないキーワードなので検索しない、ということです。これはサジェストキーワードでも同じことがいえます。

2 検索されないキーワードを勝手に作ってしまう

上級テクニックとして、人が検索するであろうと考えて（連想キーワード）、すでにある関連キーワードなどを使わず、検索意図を考えるキーワード選定をすることもできます。しかし、ここで気をつけるべきことは、**まったくずれてしまっているキーワードを考えて、誰も検索しないキーワードを選定してしまうことです**。たとえそのキーワードで1位表示できても、誰も検索しないキーワードなのでアクセスは集まりません。

連想キーワードは、しっかり検索意図を把握できれば、ライバルがいないのに需要のあるキーワードを生み出すことができます。しかし、相当な慣れが必要なので、しっかり成果を出し経験を積むまでは、連想キーワードだけでキーワード選定をしないことをおすすめします。空いているキーワードを見つけて嬉しくなって、そのキーワードで記事を書いてみても結局アクセスが集まらない原因はこれです。大きな検索需要がないキーワードを選定してしまっているので、大きなアクセスも集まりません。たくさん記事を書いていくとキーワード選定が機械的になってしまうパターンがよくあります。しかし、検索する人は、キーワード選定など関係なく自分が知りたい情報で検索していきます。**人がどんな情報を知りたくて、どんなキーワードで検索するのか？（検索意図）これを必ず考えるようにしましょう**。検索意図をしっかり考えないと外れたキーワード選定をしてしまい、まったくアクセスが集まらないと悩むことになります。逆に検索意図をしっかり考えられるようになると、人が検索するキーワードが的中し、かんたんにアクセスをたくさん集められるようになり、収益も大幅に上がります。

Point いきなりキーワード選定をしようとしない

人が何を思って何を知りたいのかをまず少しの時間でもいいので考えましょう。そこに大きなアクセスを集まるキーワードが隠れていることが多く、考えないとそれに気付くこともできずに見逃してしまいます。関連キーワードやサジェストキーワード、その他ツールを頼りにばかりしてしまうと、頭で考えなくなってしまいます。

Column

記事をたくさん書くことによりネタ選定やキーワード選定が上手になる

ネタ選定やキーワード選定は、最初からいきなりよい選定はできません。ダメな記事になってもそれは仕方がないので、とにかくたくさん記事を書いて慣れていく必要があります。記事をたくさん書くことであなたの経験になり、ネタ選定やキーワード選定が上手になって、よい記事が書けるようになります。
その経験から「こういうネタやキーワードにはアクセスが集まる」「こういうネタやキーワードにはアクセスが集まらない」という判断できるようになります。また過去にアクセスが集まった似たようなネタには、同じキーワードを使ってみて記事を書いてみましょう。そうすることよって、あなたなりのキーワードパターンができあがっていきます。
このあなたなりのパターンは大きなスキルアップになっていくので、さらにアクセスを集められる可能性を秘めています。このようにして成功事例をたくさん作っていくことによって、収益化の階段を上がっていくことができます。
しかし、ブログ運営していると狙ったはずのキーワードでアクセスが集まらないこともあるでしょう。これは誰でもあることで、誰でも通る道です。そこでモチベーションを下げるのではなく、前向きに次の記事を書いていき、ほかの記事でアクセスを集まればよいという気持ちで取り組んでいきましょう。
ブログ運営は作業と比例しません。たとえば1週間記事を書いたからといって、1週間分の価値に見合う収益を得られるわけではありません。しかし、突然アクセスが集まり、ブログが強くなると上位表示がとてもかんたんになったり、キーワード選定に時間が掛からなくなったりして、驚くほど収益が伸びていきます。
世の中の多くの人たちは、そこに行く着く前に諦めることが多いです。しかし、Googleアドセンスは諦めず継続さえしていれば、必ず収益化できるサービスなので、そのことを必ず覚えておいてください。

アクセスの集まるコンテンツの作り方

記事タイトルの重要性を知ろう

記事のタイトル付けは、アクセスが集まるか集まらないかを左右する重要な作業です。記事タイトルをしっかり付けなければならない重要性をしっかり理解しましょう。ここでは、タイトル付けのコツについて解説をします。

1 記事タイトルは31文字以内で付ける

キーワード選定が終わり、リサーチをして情報が揃ったら、記事タイトルを決定していくのですが、記事タイトルの付け方次第でアクセス数は増減することを知っておいてください。たとえば、iPhoneの新型モデルが発売されることが公開されると、「新型iPhoneの発売日っていつだろう?」と考える人は「iPhone　新型」と検索します。検索エンジンに検索結果が表示されると、大半の人はいちばん上に表示されている1位表示の記事タイトルをとりあえずクリックします。

ある企業の調査結果では、検索結果のクリック率はおおよそ1位が34%以上、2位が17%、3位が11%となっており、下に行くほど低下します。理想は**自分のブログ記事が必ず1～5位に表示されるように記事を書いていく**ことです。ネタを探して、どんなキーワードで上位表示を狙うかを決めても、上位の記事よりどんな記事タイトルにすれば自分の記事タイトルがクリックされやすいか?　を考えられないと成果は出ないので、記事タイトルは絶対に手を抜かないように付けてください。

あなたの記事より上位表示されている記事より、あなたの記事タイトルがクリックされる条件は、**クリックしたくなる魅力あるタイトル**を付けることです。

▲ 多くの人は1位表示のサイトをクリックする傾向にあります。

記事タイトルで記事の内容を伝えたいあまりに、何も考えずにとても長い記事タイトルにしてしまうと、検索エンジンでは全部表示されません。つまりタイトルが見切れてしまい、タイトルを一生懸命考えたとしても検索した人があなたの記事タイトルをすべて見ることができないのです。ためしに2018年8月に「iPhone　新型」で検索してみると、検索結果の1位表示は、以下のようになっていました。

彩り豊かに。「6.1インチ」の新型「iPhone」は5色に。「iPhone X Plu...
https:/
3 日前 - 今年の初頭からの情報として、Appleは今年4つの**新型**「**iPhone**」を発表すると予測されており、まずユーラシア経済連合の認証情報からも、「iPhone SE2」が最初に登場すると予測されていましたが、実際にまだ発表されておらず、「iPho...

▲「iPhone 新型」で検索したときの１位の記事タイトル。

タイトルの後半が省略され、そのあとが表示されていません。このように記事タイトルが全部が表示されない理由は、検索エンジンでは、Googleの場合は32文字まで、Yahoo!の場合は31文字しか表示されないからです。このような理由から31文字以内で記事タイトルを付けるようにしてください。ちなみに文字のカウントは全角なので、半角の場合は、2文字で1文字と計算してください。

記事を書くたびに、半角まで含めて文字数を見て数えるのは面倒です。文字数を計測してくれる便利なサイトがあるので、こちらを利用してみましょう。

文字数カウント - numMoji なんもじ
URL http://www.nummoji.kenjisugimoto.com/

文字数があまりにも少ないとキーワードの関係上アクセスを集める可能性が少なくなってしまうので、できる限り28 ～ 31文字くらいのタイトルを付けましょう。

Point タイトル文字数とキーワードのポイント

・タイトル文字数が少ない場合はキーワードを追加する
・タイトル文字数が多い場合はキーワードを１つ諦める

2 メインキーワードは先頭に持ってくる

メインキーワードは必ず先頭に持ってくるようにしましょう。検索エンジンは、先頭のメインキーワードと複合キーワードを結び付ける仕様になっています。メインキーワードは、先頭に持ってきて、何の記事なのかはっきりさせましょう。

例として、「ビタミンC」がメインキーワードで、複合キーワードが「取りすぎ　副作用」の、以下の記事タイトルを付けました。

取り過ぎ注意！　実は副作用があるビタミンＣのことをよく知ろう！

しかし、上記の例では「ビタミンC」が途中にあるため、「取りすぎ　副作用」に関するキーワードが「ビタミンC」と結び付きにくいです。そのため、下記のような記事タイトルに修正をします。

ビタミンＣの取り過ぎ注意！　副作用があることをよく知ろう！

このようにメインキーワードを先頭に持ってくる構成にしたほうが、**「ビタミンC」の取りすぎがよくなくて、副作用があることを説明している記事だということがわかりやすくなり、上位表示されやすくなります。**

3 日本語として自然な記事タイトルを付ける

パソコンデスクの正しい姿勢は？　角度は？　腰痛や肩こり解消方法は！

上記の例では、上位表示できるキーワードを集めたため、不自然な日本語になっています。何のテーマなのか読者に伝わりにくく、よくわかりません。何より「たくさんのPVを集めてGoogleアドセンスで収益化したい!」という思いが溢れ出ています。このようなタイトルは、一時的にアクセスをたくさん集められるかもしれませんが、Googleに評価されにくいです。

キーワードを詰め込まなくても、2～3つのキーワードで十分上位表示できるので、誰が見ても日本語として自然な記事タイトルを付けましょう。

4 記事タイトルは前半と後半に分ける

ファッションモデルの髪型を真似したいけど前髪が難しいし日々のセットが大変なのでその方法を教えるよ

自然な日本語にするとしても、上記のように検索に需要のないキーワードがたくさん含まれていたり、ダラダラと文章のような記事タイトルは、何の記事なのか、パッと見ただけでは判断が難しくなってしまいます。人は28～31文字の記事タイトルを見て一瞬で判断はできないので、最初の数文字をまず見ます。

そこで以下のようなタイトルを付けてみます。

ファッションモデルの髪型を真似しよう！　前髪と全体のセットの方法

このタイトルを見た人は、前半の「ファッションモデルの髪型を真似しよう!」で自分に必要な情報か潜在的に判断し、必要だと判断すると後半を自然に読みます。そこで後半の「前髪と全体のセットの方法」のような魅力的なタイトルを付けておくと「見てみよう!」と思い、記事がクリックされます。

5 「、」や「。」は使わず「!」「?」「・」を使う

「、」や「。」を使うとタイトルにインパクトが出ず不自然になってしまいます。

- ふるさと納税は経費にできた、しくみを知って賢く節税とは。
- ふるさと納税は経費にできた！　しくみを知って賢く節税とは？

上記の2つの例の場合、明らかに下のほうが興味を惹き、見栄えもよいです。**もしどうしても「、」を使って区切らないといけないときは、「、」より「・」を使うとよりインパクトが出ます。**

6 思わずクリックしてしまう単語や文字を使う

キーワードが決定して31文字以内で記事タイトルを決めるとき、思わずクリックしてみたくなる単語や文字を記事タイトルに入れてみましょう。

- 「〇〇〇だけで」「たった〇〇〇」などのかんたんさをイメージさせる言葉
- 「〇〇〇すぎる」「これだけで〇〇〇」などの強調する言葉
- 「選りすぐり10選」「7つのポイント」などの具体的数字
- 「損している！」「無駄なことはやめましょう！」などのマイナスを避けたい欲求をあおる言葉
- 「〇〇〇まとめ」「〇〇〇百科」「〇〇〇大辞典」などのまとめている言葉

さらに「やばい!」「まじで!」「暴露!」「衝撃!」「驚きの!」などを使うことで興味を惹くと、あなたの記事の上位にある記事ではなく、下位のあなたの記事を見てもらうことだってできます。こういう言葉は刺激的なので、まったく平凡なタイトルよりずっと見たくなるのです。検索ユーザーの目に留まる記事タイトルを付けることにより、「そっちよりこっちが見たい!」となるのが人です。ただし、あまり使いすぎるとくどくなるので、1つだけ入れるようにして、あくまで自然な記事タイトルにしましょう。

▲ ユーザーの目に留まるタイトルを付けましょう。

7 慣れて時間をかけずに記事タイトルを付ける

記事タイトル付けは重要ですが、考えすぎて手が止まって記事が書けないのでは、本末転倒です。最初から魅力的な記事タイトルは付けられないので、あなたなりに「これでいい!」と思う記事タイトルを付けるところから始めてください。何記事も書いていれば、文章のように単語を接続語でつないで、「メインキーワード」と「複合キーワード」に魅力的な単語をはめ込んで瞬時に自然な記事タイトルを付けることができるようになります。

上級テクニックになりますが、お宝ネタを見つけた場合、記事タイトル付けよりインターネットに誰よりも早く記事を投稿してブログにアクセスを流したいスピード勝負の場合など、記事タイトル付けに時間をかけていられないときもあります。そんな場合は、ある程度妥協した記事タイトル付けが必要になってきます。

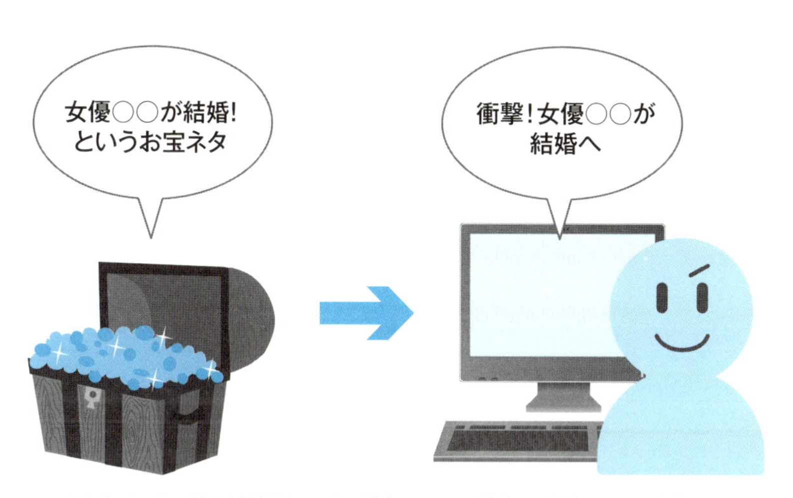

▲ ライバルより先に記事を投稿するスピード勝負のときは、妥協した記事タイトルも大事です。

Point 魅力的な記事タイトルを付けることで順位アップになる

記事タイトルの付け方次第でアクセスは大きく変わります。検索エンジンで最低でも1〜5位に表示されるように、記事タイトルがほかのライバル記事に負けないくらい魅力的か考え、絶対に手を抜かないようにしましょう。このようなことに気を付けることで、アクセスアップにつながります。さらに何回もクリックされて記事を読まれることによって、Googleの評価が上がり、1つ順位が上がるということも起こりえます。これらを参考に、誰もがついついクリックしてしまう魅力的な記事タイトルを付けてみてください。

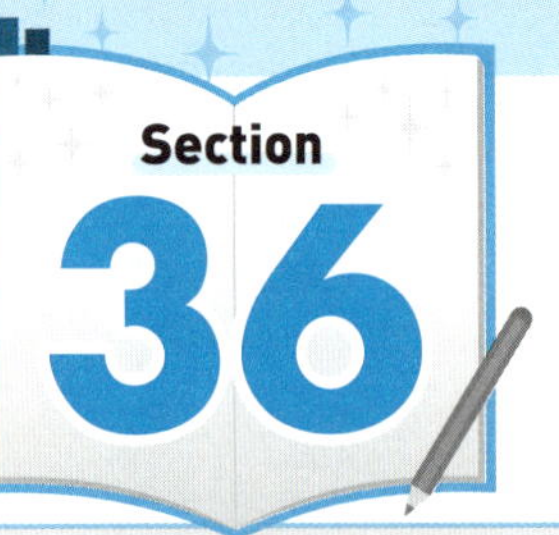

Section 36 面白味があり読み応えのある記事の書き方

個人でブログ運営しているのに、教科書のような記事になっている人が多く見られます。あまりにも文章が硬いと読み飛ばされたり、離脱される可能性が高くなります。ここでは読み応えが出る記事の書き方を解説します。

1 情報収集したことだけを書かない

面白味のない読み応えのない記事になってしまうのは、以下のような場合です。

- 情報収集したことだけを書いてしまっている
- 不確かな情報しかなかったため一文しか書いていない

情報収集したことだけしか書かれていないと、読者は解説書のような文章の中から知りたい情報を拾うだけになってしまい、しっかりと記事の内容まで読み込まれにくいです。それを避けるために情報収集した内容を書くだけではなく、情報収集した結果、あなたがそれについてどう思ったのか？　を書くようにすると面白味が生まれます。**あなたの感情、意見、経験などをどんどん内容の中に入れてきましょう。**

- 「私は○○○を知らなかったので…」
- 「世間では△△△だと言われていますが…」
- 「私の場合は□□□で…」

このように情報のあとに続けることで、あなただけのオリジナルな内容になるので、とても読み応えが増します。

▲自身の感想を入れるとオリジナルな内容の文章になります。

2 不確かな情報しかない場合は事例などを加える

情報収集の結果、確かな情報がなかったために、「情報はありませんでした」や「情報が分かり次第追加します」のように、それだけで終わってしまっているケースをよく見ます。読者は、その情報が知りたくて検索して、あなたの記事を読んでいます。それでは納得も満足もしてもらえるはずがありません。そこで予想や過去の事例を付け加えましょう。そうすることで、読者は確定的な情報が得られなかったとしても知識が増えます。そのことで納得や満足が得られます。もちろん詳細な情報はわかり次第追記したほうがより記事内容はよくなるので、必ず情報は追記しましょう。

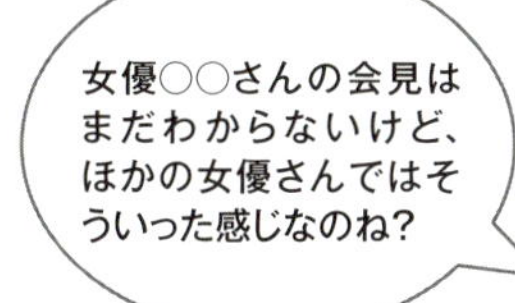

▲ 過去の事例を入れると満足感のある文章になります。

アクセスの集まるコンテンツの作成方法は、第2章にも大切なことを書いています。第2章は審査通過のための章ですが、記事作成の基本をまとめているので、審査通過しても再度読み返してみましょう。必ず基本を踏まえてアクセスが集まるためのコンテンツを作成していきましょう。

Point ブログはあなただけのオリジナル媒体である

ブログはあなただけのオリジナル媒体です。アドセンスのプログラムポリシーに違反しない限り、絶対しないといけないというルールはありません。好きなことを書いてもよいですし、尖った感情をぶつけても構いません。どこにでもあるような差し障りのない記事は面白くないので、友人などをイメージして誰か1人のために書いているくらいの気持ちで記事を書くことで、オリジナル性が増して、読んでいて楽しいブログになります。

情報がなくてもボリュームのある記事を書いてみよう

ライバルのいないキーワードが選定できたのに情報がない場合、初心者であればあるほど、どんなことを記事にしていけばよいのか悩むと思います。ここでは情報がなくてもボリュームのある記事を書く方法について解説します。

1 情報がなくてもよいキーワードは捨てるべきではない

せっかくライバルのいないキーワードを見つけられても、情報があまりにもなく記事が書けないときがあるかもしれません。そのキーワードでは記事が書けないと判断し、ライバルがいないキーワードを諦めざるを得ないと思ってキーワードを捨ててしまうのは、**初心者がやりがちなパターンですが、これは本当にもったいないことです**。ライバルのいない需要のあるキーワードで上位表示ができれば、間違いなくアクセスがたくさん集まります。

2 情報がなくてもしっかり記事を書こう

情報がなくても記事を書く方法は、Sec.36でも少し解説したことと似ています。**その情報に対して予想や仮説を書いて、それらを証拠付ける内容を書くことによって、十分記事として成立します。またTwitterやそのほかのSNSの反応などを掲載することでさらに説得力が上がります**。ブログはその情報を知りたい人が見に来てくれますので、あなたの記事を見て、納得して満足してもらうことが目的です。たとえ明確な情報でなくても、納得して満足してもらうことができればよいと筆者は考えています。まだ未確定の情報でも、わかる限りの情報を掲載しているメディア媒体はたくさんあります。あなたのブログ記事だけが明確な情報だけを掲載しないといけないことはありません。なお、詳細がわかれば追記を必ずしましょう。そうすることで、より満足度の高いブログとなっていきます。

記事には無駄な情報より キーワードに合った内容を書こう

選定したキーワードの内容の詳細を書くことが記事作成に必要ですが、まったく関係ない内容をたくさん書いている記事をよく見かけます。なぜキーワードの内容以外の情報を書いてはいけないのかをここでは詳しく解説します。

1 知りたい情報以外の内容はほとんど読み飛ばされる

もしあなたがはじめての海外旅行に持っていく物を調べているとしましょう。持っていく物の情報が知りたいのに、そこに長い文章の旅行記が書かれていて、持っていく物の情報がなかなか出てこないとなると読み飛ばすと思います。記事を見る目的は持っていく物の情報なので、読者はその情報がほしいのです。情報の羅列だけでは面白味のない記事になりますが、できるだけキーワードに合った内容を情報として書いていきましょう。そこでなぜ持って行ったほうがよいのかという理由や失敗談などが書いてあると、読み応えのある記事になります。

2 無駄な情報はSEO上有利ではない

検索エンジンは「この記事にはこんな内容が書かれている」と記事全体を判断します。しかし、記事の中にあまりにも無駄な情報が書かれていると、記事タイトルと合っていないと判断されてしまいます。そのような判断はGoogleからよい評価を受けません。上位表示できなかったり、上位表示できていてもいずれ順位を下げられるなどということもあります。

さまざまな情報を入れ込んで、少しでも上位表示できる可能性を上げたい気持ちは分かりますが、これらの条件から、記事には話のずれた関係性のない情報をできる限り入れるべきではありません。それよりもキーワード選定した内容を詳細にまとめたり、深みを持たせることに努力しましょう。

収益化するには記事の更新頻度はとても重要

アドセンスで収益化できない人のほとんどは、記事の更新頻度が少ないです。更新頻度を上げて継続していれば遅かれ早かれ必ず収益化が可能です。絶対諦めない意思を強く持ってモチベーションを上げて、ブログを充実させていきましょう。

1 1日1記事を更新の最低ラインとしよう

アドセンスブログに限らず、総合的にブログで少しずつ成果が出始めるのは100記事を超えたあたりからといわれています。しかし、あまりにもスローペースではブログのドメインが育ちません。週に1～2記事の更新では記事を見られる機会も少なくアクセスも集まりにくいので、**最低でも1日1記事は更新が必要です。しかしそれは最低ラインと考えましょう。**実際のところ1日1記事の更新では100記事更新までに3ヶ月以上かかってしまいます。そこまでアクセスがほとんど集まらなくて、収益にも結び付かないと、我慢してブログ運営をすることができないのが人間です。最悪の場合、諦めて辞めてしまいます。

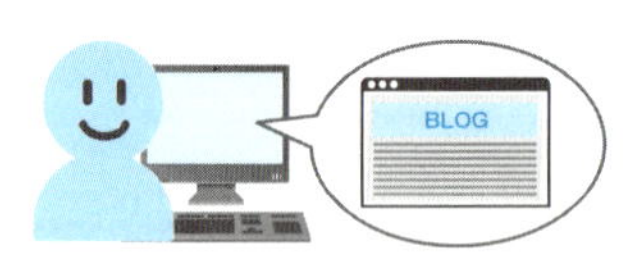

◀1日1記事は最低ライン。
更新頻度を上げてモチベーションを維持しましょう。

2 更新頻度を上げることのいろいろなメリット

更新頻度を上げることにより、大きくアクセスが集まる記事が出てくる可能性があります。また、ほかの記事を見てもらえる機会も増え、各記事に小さなアクセスが集まり全体のアクセスアップにつながります。さらに記事数を重ねることにより、あなたのスキルは確実に上がっていきます。更新頻度を上げることは、いろいろな面でよいことばかりなのです。1日1記事と言わず時間があるなら何記事でも更新しましょう。初月でスタートダッシュすることでドメインも強化され、後々のブログ運営に大きく影響が出ます。毎日3記事以上更新できるなら早い段階で成果が期待できるでしょう。

3 時間がないという思い込みが更新頻度の妨げになっている

会社員をしている人など本業で時間がないと思っている人はたくさんいると思います。しかし、パソコン作業できる時間だけがブログを更新する時間ではありません。通勤時間や休み時間などのちょっとした隙間時間など、活用できる時間はいくらでもあります。10分の隙間時間であっても、その10分をうまく活用できれば、6回で1時間です。そして、必ずパソコンがなければ作業できないわけではありません。スマートフォンで調べて記事の構成を紙にまとめることもできます。それを自宅に持ち帰って作業するときに使うことで効率化を図れます。こういった点は本当に盲点なので、ぜひ時間を有効活用してください。

さらにゲームをしてしまっていたり、テレビを見てしまっている時間など、その時間を作業時間にできないか考えるだけでも1日の作業時間は増えます。作業時間は努力して見つけ出す工夫をすることで思っている以上に長くなります。「時間がないから作業ができない」と思い込み決め付けてしまっているとなかなか作業ができず、更新頻度も上がりません。

- 毎日更新を続け、1日の更新記事数を上げていく
- パソコン以外で作業できる時間がないか考えてみる
- 隙間時間の重ね掛けで作業時間を増やす
- 趣味、娯楽の時間を作業時間に充てる
- 「時間がない」と決め付けて思い込まない

▲ 時間を有効活用して作業しましょう。

4 ネタは意外にもたくさん転がっているもの

ブログ運営をしていると「書くネタがない」という悩みが出てきます。Sec.29でネタ選定について解説していますが、それ以外にも日常生活をしているとブログに書けるネタは、いろいろなところにたくさん転がっています。物事を見過ごすか見過ごさないか、気付けるか気付けないかは、とても重要になります。何かしていたり、何かを見つけたときに、「これはネタになるかも!」とピンとくるようになるとネタに困ることはなくなります。また、あなたが経験したことやこれから勉強することなどもネタになります。あなたが気になることは、どんどん記事にしていき、常にネタをキャッチできるようにアンテナを張っておきましょう。

さらに、それが「読者にとって有益な情報になるかな?」と考えられるようになれば、「どんなことを知りたいかな?」と考えられるようになります。そこから複数のキーワードが自然に浮かんでくるようになれば、かなりスキルは上がっている証拠です。それをライバルチェックしてみて上位表示できそうなキーワードがあれば、記事にしていきましょう。

また、1つのネタに対して1記事だけで終わる必要はなく、視点を変えて複数の記事を書いていきましょう。そうすることで記事数を増やしていくことができます。あえて記事を分けることでより深いところまでキーワード選定をすることもできます。この記事はこの情報がほしい人、こっちの記事は違う情報がほしい人というように、記事にアクセスしてくれる人のターゲットを絞ることもできます。

▲日常生活からネタを探してみましょう。

ブログ分析・改善・SNS活用

アクセス解析Google アナリティクスを導入しよう

ブログに何人の方が見に来てくれていて、いくつのアクセスが集まっているかを判断するのに必要なのがアクセス解析です。無料のアクセス解析ツールでGoogleアナリティクスに勝るものはありません。導入してブログを分析していきましょう。

1 Googleアナリティクスのメリット／デメリット

アドセンスで成果を出すには、アクセス解析は欠かせません。アクセス解析は、ブログにどれだけのアクセスが集まっているかを見る以外にも、アクセスが集まる記事やキーワードの分析など、いろいろな検証にとても役立ちます。さらにGoogleアナリティクスは、初心者でも使い方さえ理解すれば使いやすく、上級者でも細かい分析などに重宝します。まずはGoogleアナリティクスのメリットとデメリットを確認しましょう。

◉Googleアナリティクスのメリット

- 無料アクセス解析ツールの中でいちばん機能が多い
- ほとんどの人が使っているアクセス解析ツールのため、使い方を追及したい場合は、参考になるサイトがたくさんある
- 専門的なカスタマイズをすることで、オリジナルの情報を得られる
- ほしい情報だけを集めた自分だけのレポートも作れる
- Google が提供しているほかのサービスと連携することが可能である

◉Googleアナリティクスのデメリット

- 使い方を理解するまで分析が少し難しい
- 分析項目の名前がわかりにくい
- 機能が多すぎてどれを使うべきかわかりにくい

2 Googleアナリティクスを導入しよう

それではGoogleアナリティクスが使えるように導入していきましょう。ここでは、WordPressでの導入方法とそれ以外の導入方法を解説します。操作することはそれほど多くないので、解説に従って操作してください。

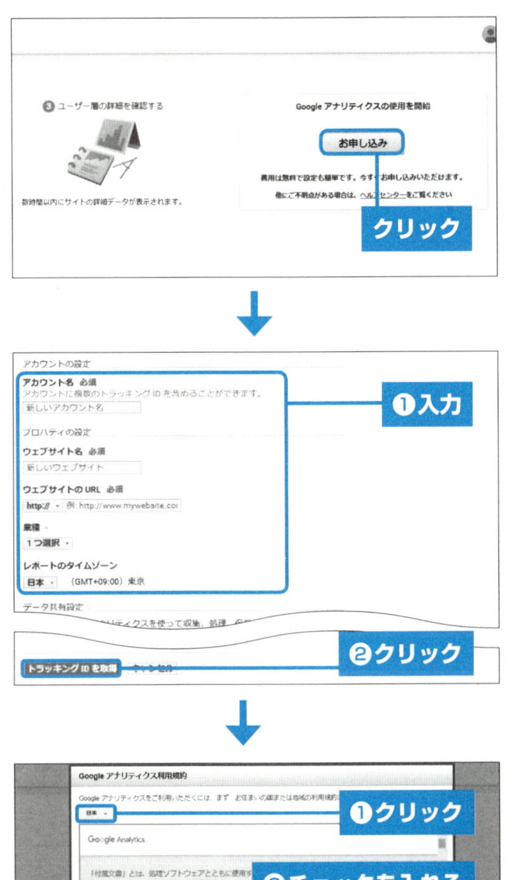

1 Googleアカウントにログインしている状態で、Googleアナリティクス(https://www.google.com/analytics/web/?hl=ja&pli=1)にアクセスし、<お申し込み>をクリックします。

2 「アカウント名」と「ウェブサイト名」、「ウェブサイトのURL」、「業種」、「レポートのタイムゾーン」を入力し、<トラッキングIDを取得>をクリックします。

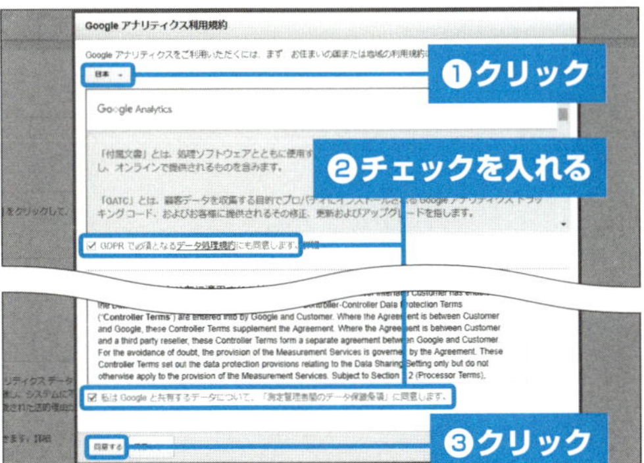

3 「アメリカ合衆国」と表示されている箇所をクリックし、「日本」を選択します。同意が必要な項目にチェックを入れ、<同意する>をクリックします。

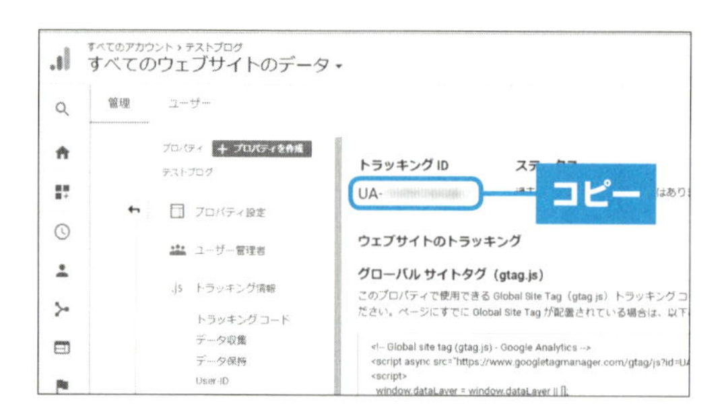

4 Googleアナリティクスアカウントが作成されたので、WordPressを使用している場合は、「UA-」から始める「トラッキングID」をすべてコピーします。

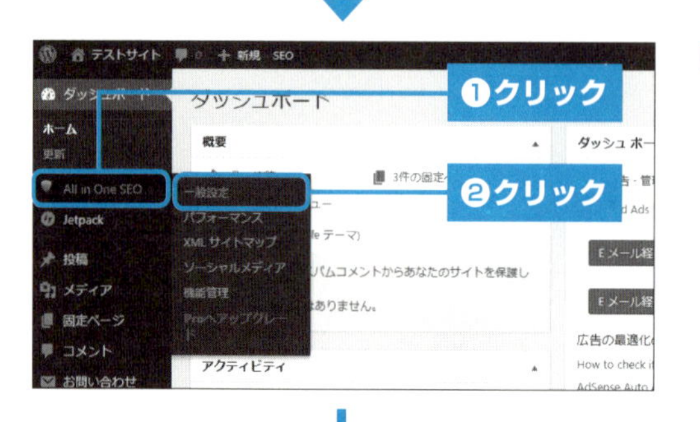

5 WordPressを開き、ダッシュボードのメニューの<All in One SEO>（P.187の書籍購入者様限定公開ページ参照）をクリックして、<一般設定>をクリックします。

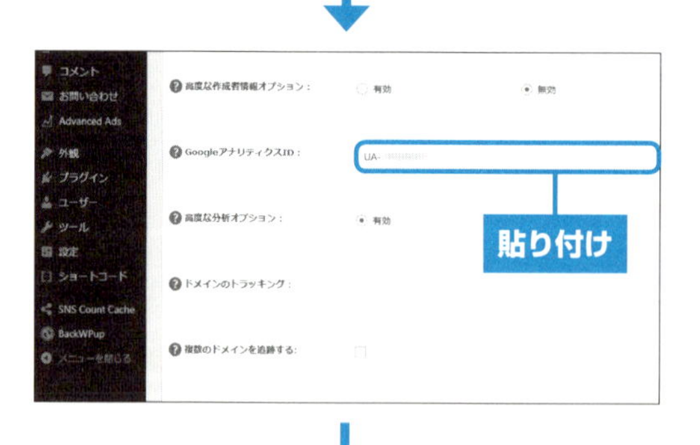

6 Google設定の項目までスクロールし、「Googleアナリティクス ID：」にコピーした「トラッキングID」を貼り付けます。

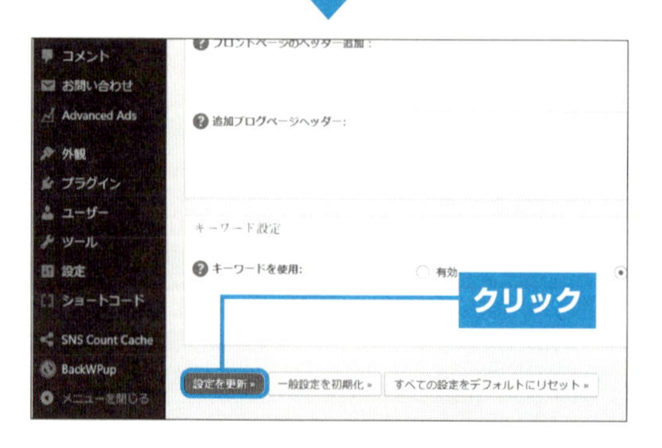

7 いちばん下までスクロールし、<設定を更新>をクリックします。これで導入は終わりです。導入後はP.141の手順**3**の画面で確認しましょう。

◉WordPress以外のブログサービスを利用してる場合

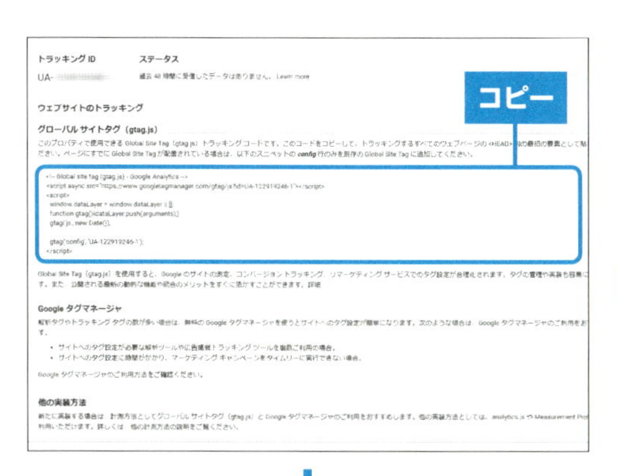

1 P.140手順**4**の画面で、グローバルサイトタグ(gtag.js)のトラッキングコードをすべてコピーします。

Point トラッキングコードの入力

WordPress以外でもトラッキングコードを入力するだけで導入できるブログサービスもあります。

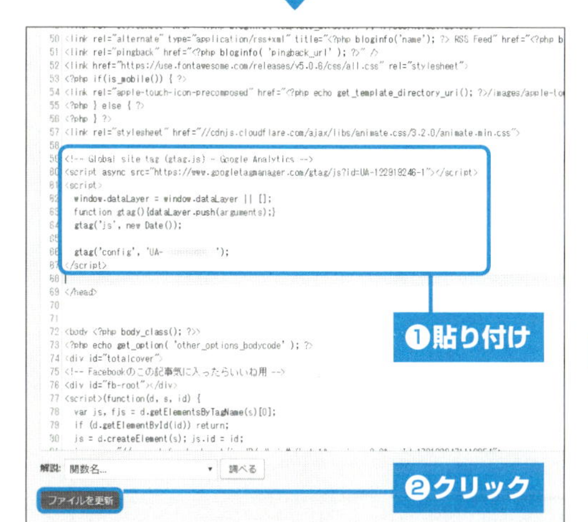

2 利用しているブログのheadタグ内に貼り付ける必要があるので、「</head>」の直前にコピーしたトラッキングコードを貼り付け、＜ファイルを更新＞をクリックします。

Point ブログによる違い

利用しているブログによってheadタグの場所が違うので、利用しているブログの設定方法などを確認してください。

3 Googleアナリティクスの導入が完了できたら、ブログにアクセスしている状態でGoogleアナリティクスを表示します。＜リアルタイム＞→＜概要＞の順にクリックすると、現在のブログをリアルタイムで見ている人数が表示されます。

覚えておきたいGoogleアナリティクス分析項目

Googleアナリティクスは、いろいろな解析をすることができます。そのため、Googleアドセンスを実践する上で覚えるべき、必要最低限の機能に絞って解説していきます。

1 リアルタイムレポート

リアルタイムレポートでは、あなたのブログに何人の人が見に来てくれていて、その人たちがどんな記事を見てくれているのかをリアルタイムで知ることができます。

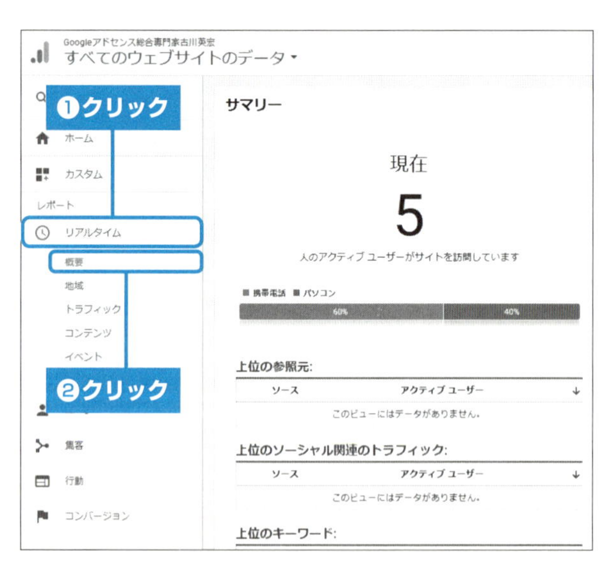

◀ Googleアナリティクスのメニューの<リアルタイム>→<概要>の順にクリックすると、「現在○○人のアクティブユーザーがサイトを訪問しています」と表示されます。

上記の画面では、5人が今ブログを見ていることが表示されています。見ている人がどのページを見ているかは、パーマリンクしか表示されていません。ここで<コンテンツ>をクリックすると、見てくれている記事タイトルが表示されるので、よりわかりやすいです。ここでは、ブログを見てくれている人が何人いて、どの記事を見てくれているかだけをチェックするだけで十分です。

2 ユーザーレポート

ユーザーレポートは、1日のどの時間にいくつのアクセスがあったのか、1週間でどの日にいくつのアクセスがあったのかなど、時間や期間のアクセス推移などを知ることができます。ここでは、いろいろなことを知ることができるので、いちばん分析するべきレポートです。

◉ページビュー数を表示させる

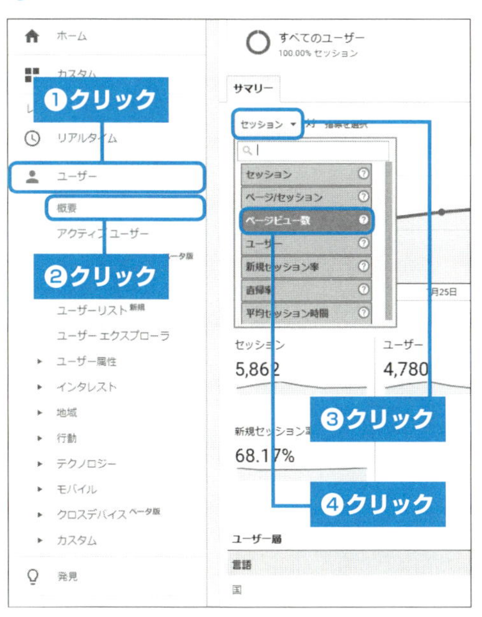

1 メニューの＜ユーザー＞→＜概要＞の順にクリックします。「サマリー」タブの下の＜セッション＞をクリックすると、プルダウンメニューが表示されるので、＜ページビュー数＞をクリックします。**PV（ページビュー）の推移がいちばん重要**なので、PVの推移を表示させて分析しましょう。

↓

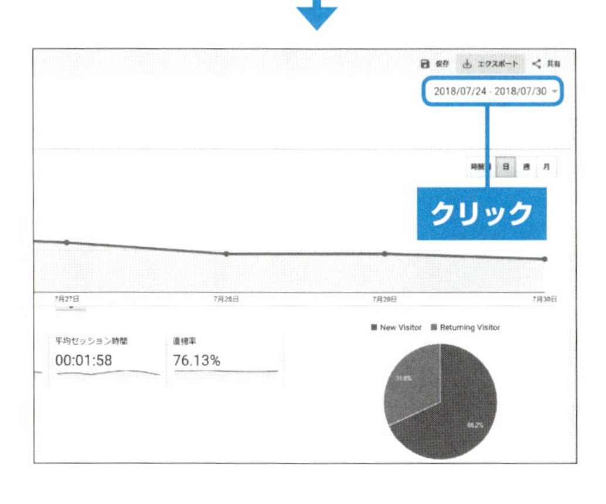

2 右上の日付が表示されている部分をクリックすると期間を表示するメニューが表示されます。期間を指定して＜適用＞をクリックすると、指定した期間のレポートが表示されます。

◉ユーザーレポートで重要な7項目を覚える

セッション	ユーザー	ページビュー数	ページ/セッション
5,862	4,780	10,547	1.80
平均セッション時間	直帰率	新規セッション率	
00:01:58	76.13%	68.17%	

▲ ユーザーレポートの項目です。

セッション	あなたのブログに何回の訪問をしてくれたか
ユーザー数	あなたのブログに来てくれた人数
ページビュー数	あなたのブログの中で見られたページの数
ページ／セッション	1回の訪問で見てもらえているページの数
平均セッション時間	1回の訪問でブログに滞在してくれている時間
直帰率	1ページだけ見て帰ってしまった人が何%いるか
新規セッション率	新しく訪問してくれた人が何%いるか

▲ 7つの項目の詳細です。

この中で注目してほしい項目は、**「ページビュー数」**、**「ページ／セッション」**、**「平均セッション時間」**、**「直帰率」**です。「ページビュー数」については、PVを上げないとクリックされる数も増えないので、収益に結び付きません。「いくつのアクセスがあった」という場合は、ほとんどがこの数値を指すため、**ブログ運営でいちばん重視する項目です**。「ページ／セッション」ついては、ブログに来てくれた人にできるだけ多くの記事を見てもらったほうがクリックしてもらえる確率が上がるので、ここの数値は高いことが理想です。しかし、大きく跳ね上がることは事実上ないので、目安と考えてもらえば大丈夫です。「平均セッション時間」については、ブログに来てくれた人がすぐにいなくならず、できるだけ長い時間滞在してもらえることが理想です。長時間しっかり記事を読んでくれているということは、**価値があるコンテンツです**。ここの数値をできる限り伸ばしていきたいですが、それは記事の内容次第なので、読者に喜んでもらえる記事を書くことが重要になってきます。「直帰率」については、85%くらいを目安にしましょう。Googleアドセンスで収益化するブログの場合、80%以下だとかなりよい数値です。95%以上の直帰率の場合は、ブログ全体の改善をしてみましょう。

3 集客レポート

集客レポートは、あなたのブログにどんなところから読者が来ているか知ることができます。ほとんどの場合、検索をしてブログに人が集まります。検索から来る人が少ない場合はブログ運営の方向性が間違っているので、改善が必要になります。集客レポートを表示するには、メニューの<集客>→<概要>の順にクリックします。

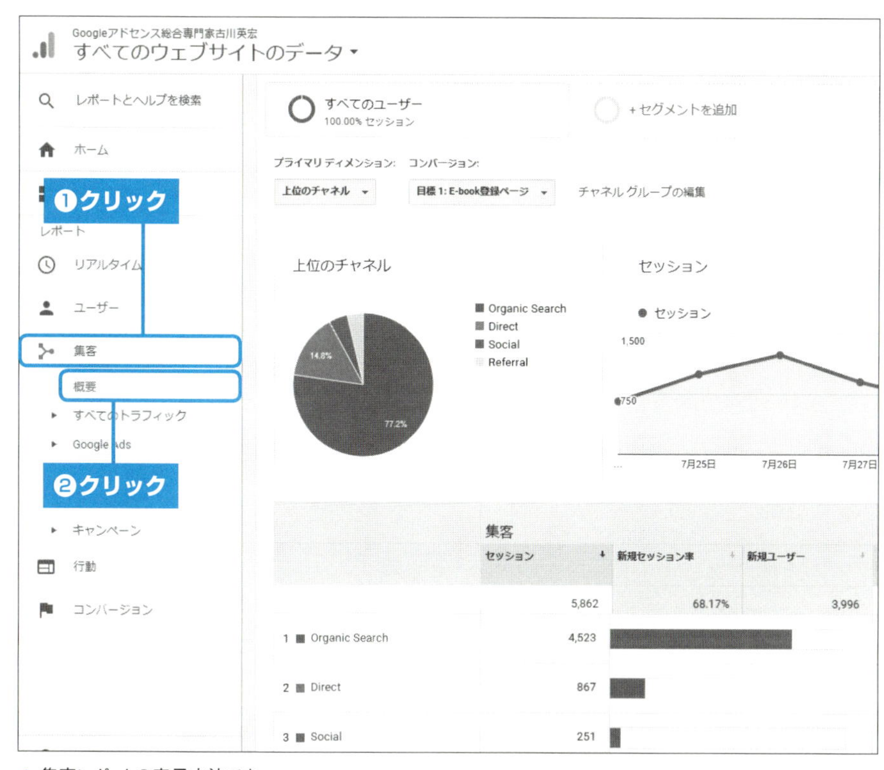

▲ 集客レポートの表示方法です。

Organic Search	検索エンジンからのアクセス
Direct	特定の参照元サイトがない場合のアクセス
Social	Twitter や Facebook などのソーシャルメディアからアクセス
Referral	Social 以外の参照元サイトからのアクセス

▲ 集客レポートの 4 つの項目の詳細です。

見るべき項目は、Socialからアクセスがあるかどうかだけです。ほとんどが検索からのアクセスのため、集客レポートはあまり使わないかもしれません。このレポートは、SNSから大量アクセスがあった場合などの判断程度に使いましょう。なお、「Organic Search」は、現在はほとんど「(not provided)」で表示されるため、どんなキーワードでアクセスされているかわかりません。検索されているキーワードを知りたい場合は、Google Search Consoleを使いましょう（P.148参照）。

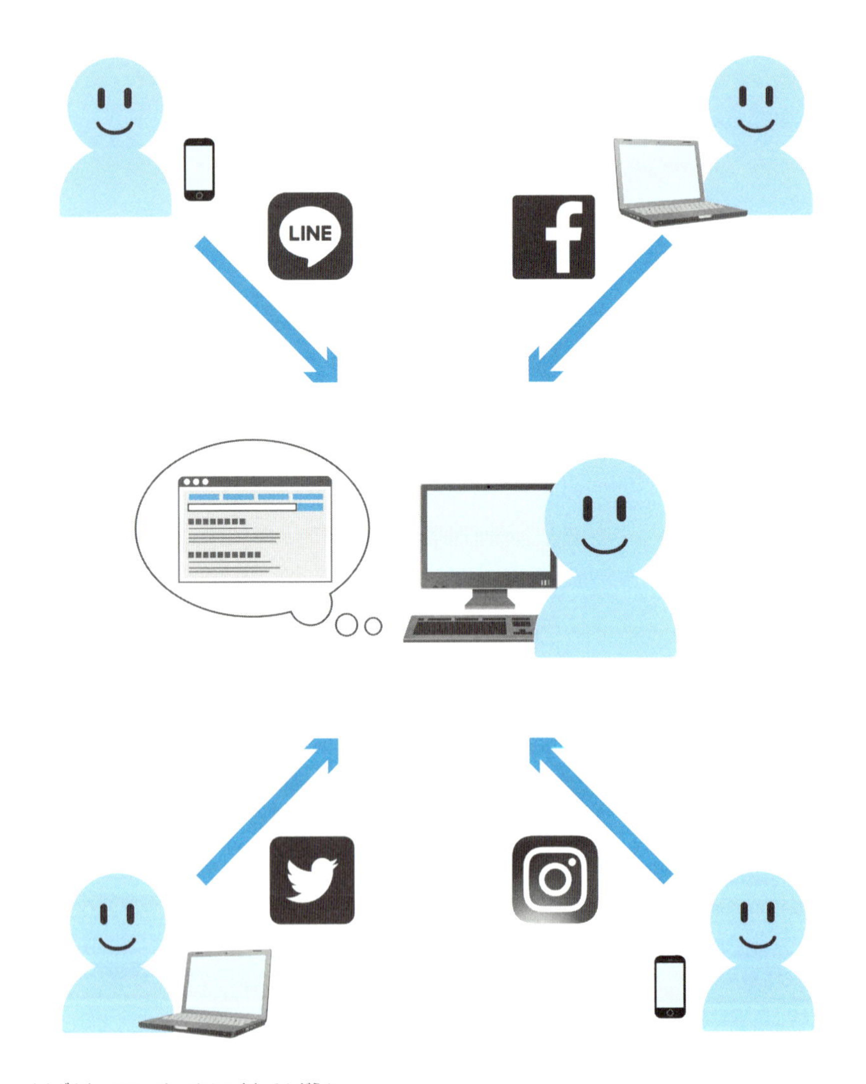

▲ さまざまな SNS からアクセスされるかどうか。

4 行動レポート

行動レポートは、どんな記事が人気なのかを知ることができます。どんな記事にアクセスが集まって、PVが上がっているのかを知りたいときに使います。行動レポートを表示するには、メニューの<行動>→<概要>の順にクリックすると、アクセスが集まっている記事順に表示されますが、すべてパーマリンクしか表示されないので、<ページタイトル>をクリックしましょう。これで、記事のタイトルが表示されて、どんな記事にアクセスが集まっているのか知ることができます。

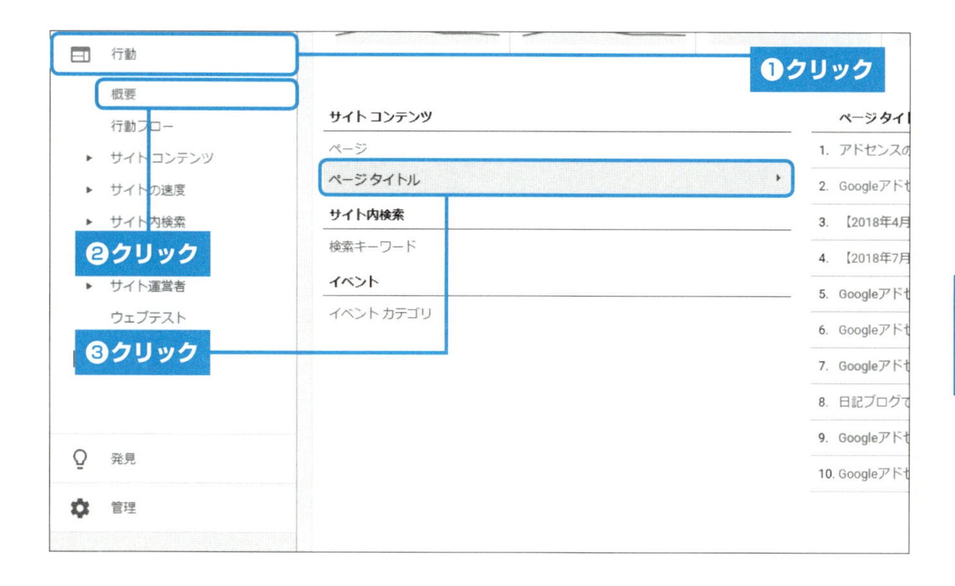

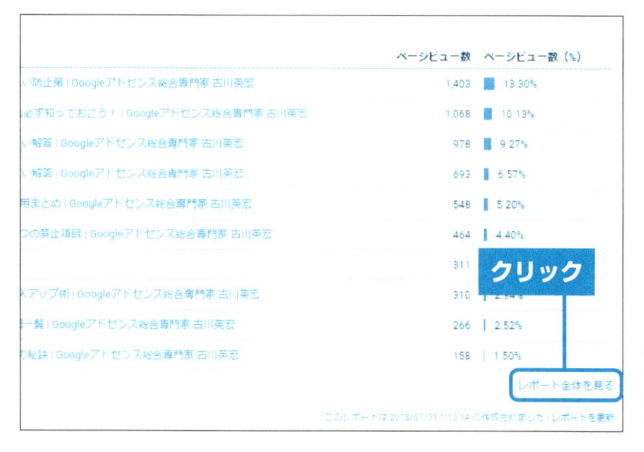

◀さらに右下の<レポート全体を見る>をクリックすることで、各記事の詳細データを表示することができます。

第6章 ブログ分析・改善・SNS活用

Google Search Consoleを導入しよう

Google Search Consoleは、主にGoogle検索結果でブログのパフォーマンスを最適化できるGoogleの無料サービスです。いろいろな分析や便利な機能があるので、必ず導入しておきましょう。

1 Google Search Consoleでできること

Google Search Consoleでは、あなたのブログがGoogleにどのように認識されているかがわかり、SEO対策やブログの改善につながります。下記のように具体的にブログの分析ができたり、そのほかの機能もとても役立ちます。

- ページのクリック数
- クリック率
- 掲載順位
- 読者が検索するときに入力するキーワード
- キャッシュを早める機能
- そのほか Google からの通知

2 Google Search Consoleを導入する

それではGoogle Search Consoleが使えるように導入していきましょう。導入方法が少し難しいかもしれませんが、落ち着いて確実に進めていきましょう。ただし、Google Search Consoleを導入する前に、必ず先にGoogleアナリティクスの導入を終わらせておいてください。

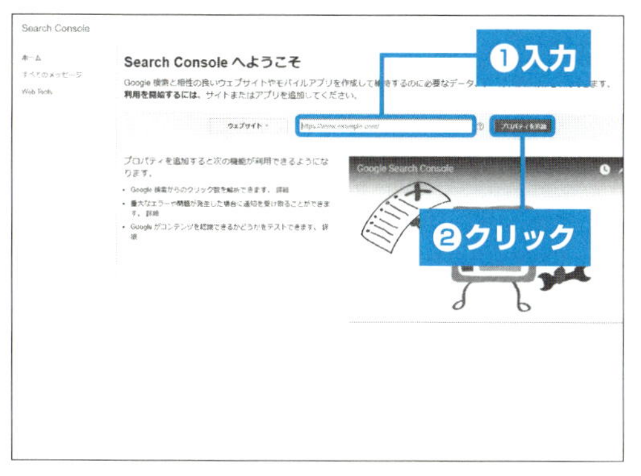

1 Googleアカウントにログインしている状態で、Google Search Console（https://www.google.com/webmasters/tools/home?hl=ja）にアクセスし、ブログのURLを入力し、＜プロパティを追加＞をクリックします。

2 ここでは、ブログの所有権の確認を行います。おすすめの方法に「推奨：Googleアナリティクス」と表示されている場合は、＜確認＞をクリックします。

> **Point** Google アナリティクスと表示されない場合
>
> おすすめの方法にGoogleアナリティクスが表示されていない場合は、＜別の方法＞をクリックして、その中にある＜Googleアナリティクス＞を選択し、＜確認＞をクリックします。

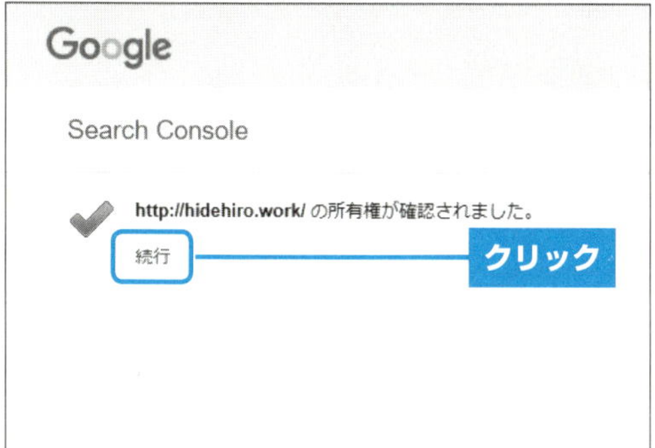

3 所有権が確認されたら、＜続行＞をクリックします。

4 赤文字の<Search Console>をクリックしてホームに移動します。

5 再度、<プロパティを追加>をクリックします。

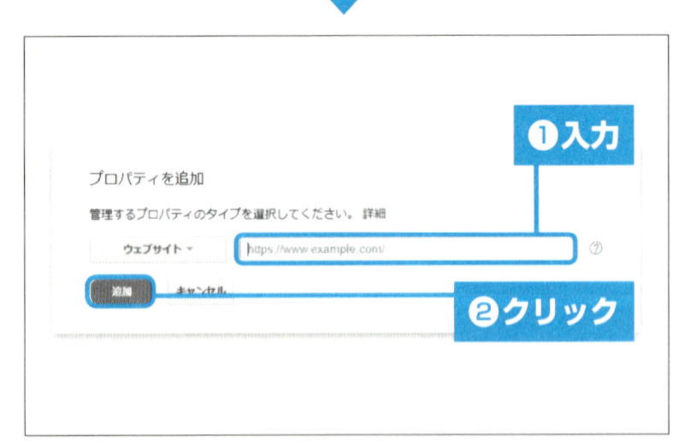

6 先ほどと同じように、ブログのURLを入力します。ただしここでは、「http://www.example.com」というように、あなたのブログのURLの「http://」と「ドメイン」の間に「www.」を追加して入力し、<追加>をクリックします。

再度ブログの所有権の確認を行うので、おすすめの方法に「推奨:Googleアナリティクス」と表示されている場合は、そのまま<確認>をクリックします。おすすめの方法にGoogleアナリティクスが表示されていない場合は、<別の方法>をクリックし、その中にある「Googleアナリティクス」を選択し、<確認>をクリックします。所有権が確認されたら、<続行>をクリックします。ここまでできたら導入は完了ですので、Search Consoleの赤文字をクリックしてホームに移動します。

3 Google Search Consoleを設定する

1 「www.」の付いていないほうのURLの右側にある＜詳細を表示＞をクリックします。

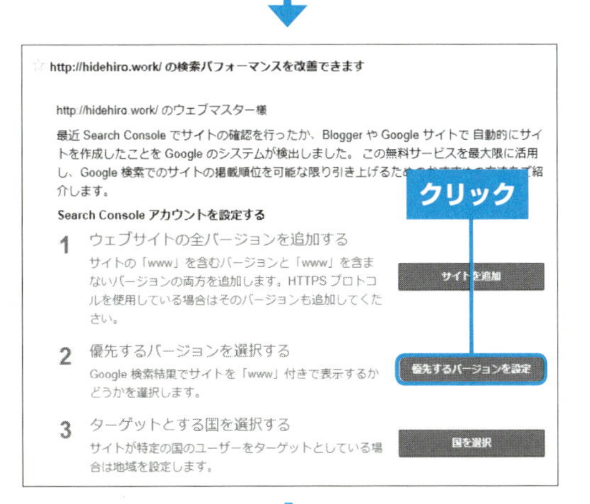

2 「1」はP.150手順**6**で設定しているので、「2」から設定を行います。Search Consoleの中で優先するURLを設定するので、＜優先するバージョンを設定＞をクリックします。

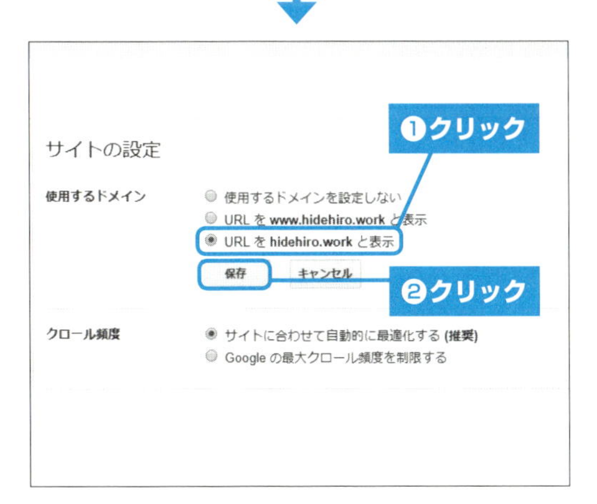

3 「www.」の付いていないドメインにチェックを入れて、＜保存＞をクリックします。保存が完了できたら、ブラウザのタブを閉じます（すでに「www.」の付いてないドメインにチェックが入っている場合はこの手順は必要ありません）。

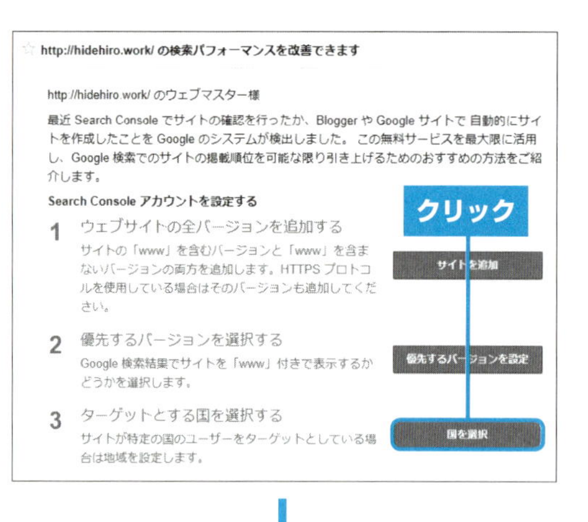

4 P.151手順**2**の画面に戻り、「3」の設定でターゲットとする国を決定します。＜国を選択＞をクリックします。

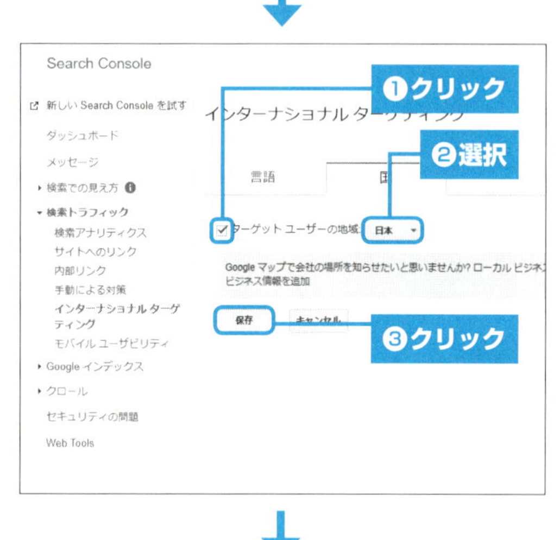

5「ターゲットユーザーの地域」にチェックを入れ、＜日本＞を選択し、＜保存＞をクリックします。保存が完了できたら、ブラウザのタブを閉じます（すでに「日本」が選択されている場合はこの手順は必要ありません）。

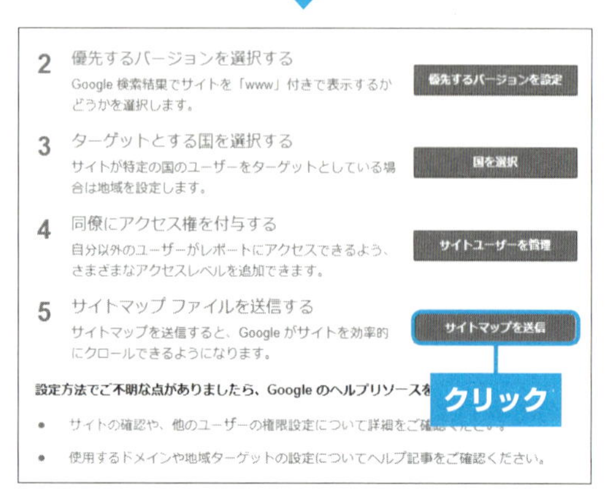

6 P.151手順**2**の画面に戻り、「5」の＜サイトマップを送信＞をクリックします（先にP.187の書籍購入者様限定公開ページを参照して、WordPressの設定のプラグインPS Auto Sitemapの設定を済ませておいてください）。なお、「4」はブログを複数人で運営する場合の設定なので、今回は設定しません。

7 <サイトマップの追加／テスト>をクリックします。

8 ブログURLの後ろの入力欄に「sitemap.xml」と入力し、<送信>をクリックします。

9 最後に<ページを更新する。>をクリックすると、Google Search Consoleの設定はすべて終了です。

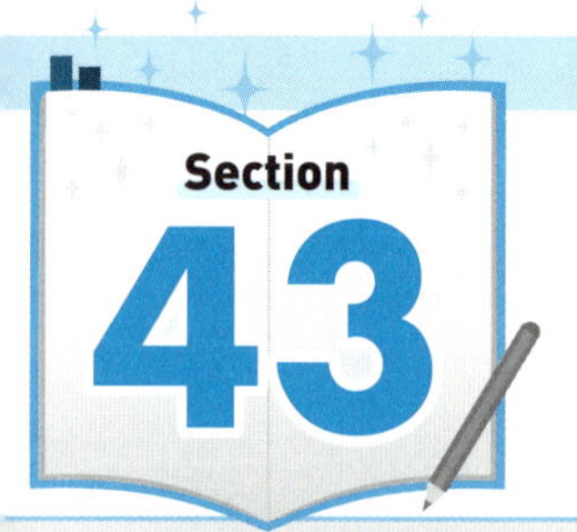

Section 43 ブログ更新をGoogleに伝えてキャッシュを早めよう

記事は更新してすぐに検索結果に表示されるわけではありません。ここではキャッシュの意味とキャッシュを早めることについて解説します。Googleに依頼することでキャッシュを早めることができます。

1 Fetch as Googleを利用してリクエストする

キャッシュとは、クローラーが取得した情報を検索エンジンのデータベースに格納することです。クローラーがまわり、情報がキャッシュされてから検索画面にページが表示されるようになります。キャッシュのほかにインデックスとも呼ばれます。ドメインが弱いうちは記事を更新してもキャッシュされるのに時間がかかります。そこで記事を更新したことをGoogleに通知することで、キャッシュが早まる手助けをしてもらうことができます。それがFetch as Googleです。あくまでGoogleにキャッシュを早める手助けをしてもらうのであって、ただちにキャッシュされるわけではないので、記事を更新した場合、すべての記事にFetch as Googleをしておいたほうがよいと覚えておきましょう。

それでは、実際にFetch as Googleでキャッシュを早めるリクエストをします。

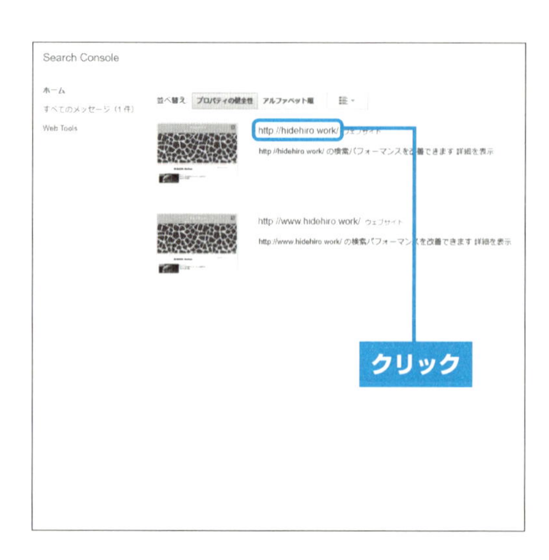

1 「.www」の付いていないほうのURLがメインのブログURLになるので、「.www」の付いていないほうのURLをクリックします。

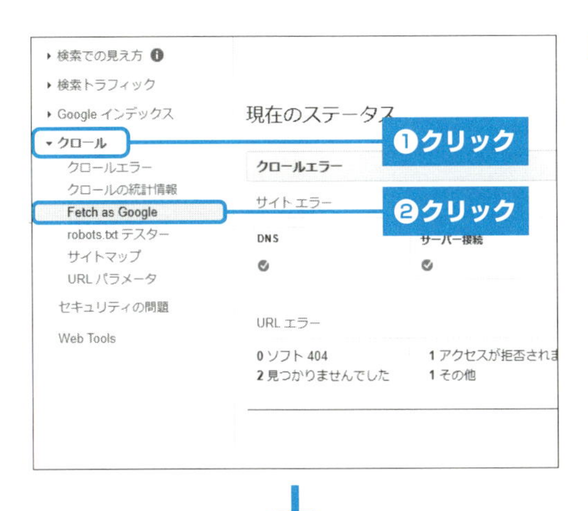

2 メニューの＜クロール＞をクリックし、＜Fetch as Google＞をクリックします。

3 ドメインが表示されている後ろの入力欄に「記事のパーマリンク」を入力します。記事のURLが「http://example.com/abcdef/」の場合は、「abcdef/」を入力します。

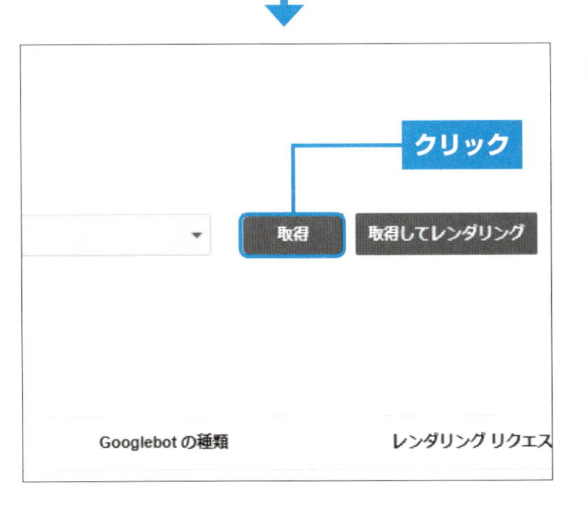

4 入力が終わったら＜取得＞をクリックします。

5 取得が完了したら、取得したURLの<インデックス登録をリクエスト>をクリックします。

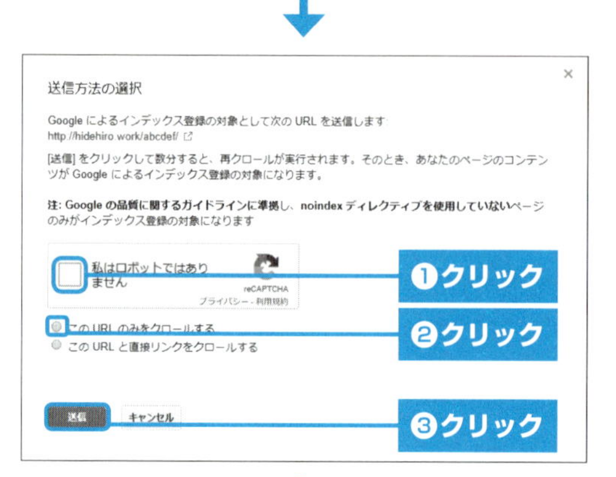

6 「私はロボットではありません」と「このURLのみをクロールする」にチェックを入れ、<送信>をクリックします。これで1つ完了です。

7 つづいてモバイルやスマートフォン用の登録をします。P.155手順**3**と同様の操作で、ドメインが表示されている後ろの入力欄に「記事のパーマリンク」を入力します。

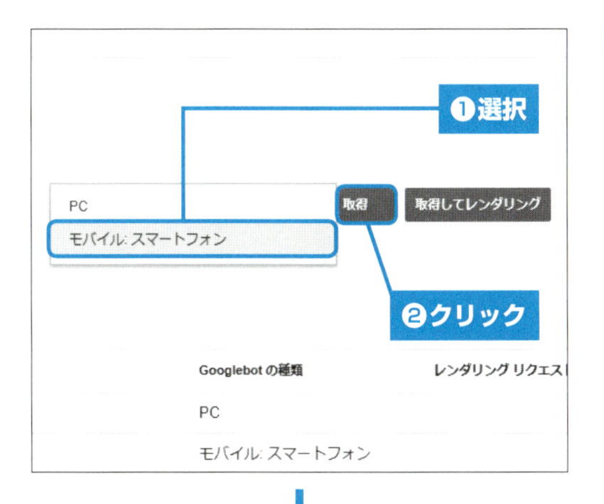

8 <PC>と表示されている部分をクリックして、<モバイル：スマートフォン>に切り替え、<取得>をクリックします。PCの場合と同様に、P.155手順4～P.156 6を参考にリクエストが完了させましょう。

9 左の画面のように、「PC」「モバイル：スマートフォン」の2項目で、「インデックス登録をリクエスト済み」と表示されていれば、正常にリクエストできています。これを、記事を更新するたびに行いましょう。

Point キャッシュの確認方法

Fetch as Googleはキャッシュを早める手助けをしてくれるのであって、ただちにキャッシュされるわけではありません。そこで実際にキャッシュされ、検索エンジンに掲載されているかの確認をする方法があります。ブラウザのURLが表示されているところ（検索窓）に、「site: ブログ記事のURL」と入力してください。記事タイトルが表示されると、キャッシュされている状態です。

検索アナリティクスを有効活用しよう

ここでは、Google Search Console にある検索アナリティクスを分析して、アクセスアップする方法などについて解説します。分析はとても重要なことなので、ただやみくもに記事を書くだけではなく、しっかり把握しておきましょう。

1 検索アナリティクスを利用する

Google Search Console にある「検索アナリティクス」では、Googleアナリティクスなどのアクセス解析ツールではわからない検索の情報を知ることができます。具体的には、読者がどんなキーワードで検索してブログ記事に来たかという「検索クエリ」という情報を得られます。検索クエリを知ることで、「あなたのブログで検索需要のあるキーワード」や「どの記事にどんなキーワードで検索されているのか」というようなことを把握することができます。さらに検索アナリティクスでは、「検索エンジンで検索されたキーワードの掲載順位やクリック率」も知ることができます。検索アナリティクスを有効活用することで、ブログ全体の分析や検証ができ、アクセスアップして収益化の最適化につながっていきます。検索アナリティクスはどんどん使っていきましょう。

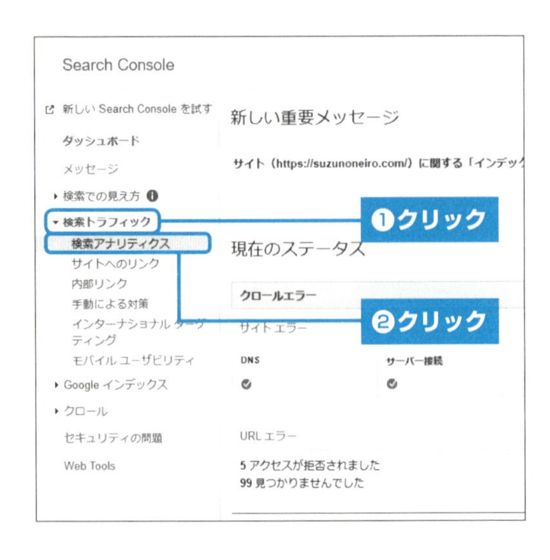

1 Google Search Consoleのメニューの＜検索トラフィック＞をクリックして、＜検索アナリティクス＞をクリックします。

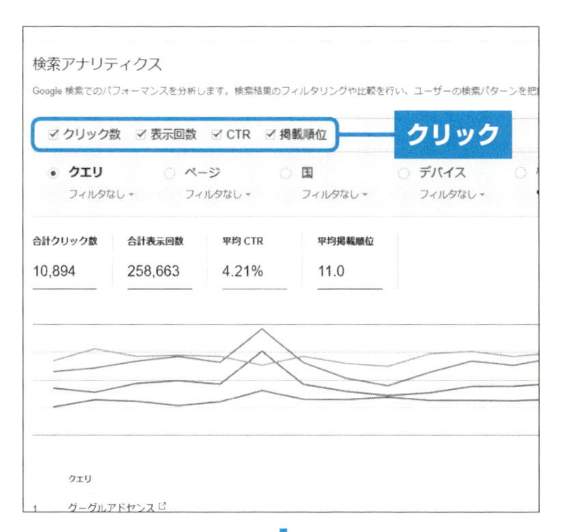

2 「クリック数」「表示回数」「CTR」「掲載順位」の4つすべてにチェックを入れます。

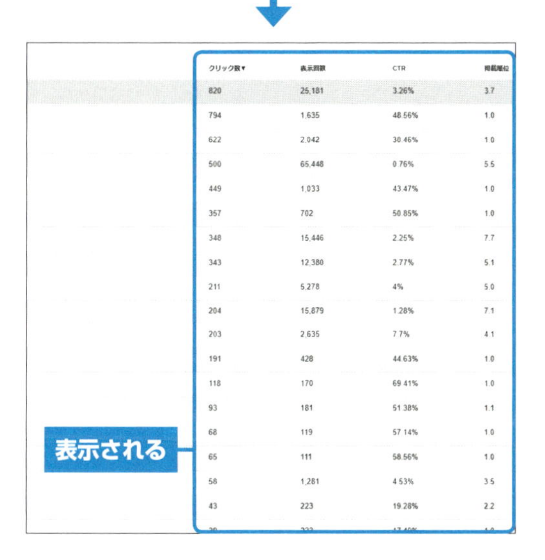

クリック数▼	表示回数	CTR	掲載順位
820	25,181	3.26%	3.7
794	1,635	48.56%	1.0
622	2,042	30.46%	1.0
500	65,448	0.76%	5.5
449	1,033	43.47%	1.0
357	702	50.85%	1.0
348	15,446	2.25%	7.7
343	12,380	2.77%	5.1
211	5,278	4%	5.0
204	15,879	1.28%	7.1
203	2,635	7.7%	4.1
191	428	44.63%	1.0
118	170	69.41%	1.0
93	181	51.38%	1.1
68	119	57.14%	1.0
65	111	58.56%	1.0
58	1,281	4.53%	3.5
43	223	19.28%	2.2

3 クエリはどんなキーワードで検索されているかが表示されています。＜クリック数＞、＜表示回数＞、＜CTR＞、＜検索順位＞をクリックすると最高値または最低値順に並び替えができます。

クリック数	読者が検索結果のページでブログ記事をクリックした回数
表示回数	検索結果に表示されたブログ記事の数
CTR	表示回数に対するクリック数の割合 （CTR ＝クリック数／表示回数× 100）
掲載順位	検索結果で表示されるブログ記事の順位の平均掲載順位

▲ 詳細は「検索アナリティクス レポート」（https://support.google.com/webmasters/answer/6155685）を参照してください。

2 表示回数はどの回数を表示しているのか?

表示回数は検索結果に表示された記事の数なので、この回数が多いということは、検索結果にたくさん記事が表示されているということです。その2つ右隣は掲載順位です。検索結果の1ページは10記事なので、1位でも10位でも同じくらいの表示回数になりますが、2ページ目以降はあまり見られません。

クリック数	表示回数▼	CTR	掲載順位	
500	65,448	0.76%	5.5	»
820	25,181	3.26%	3.7	»
204	15,879	1.28%	7.1	»
348	15,446	2.25%	7.7	»
343	12,380	2.77%	5.1	»
211	5,278	4%	5.0	»
28	3,609	0.78%	10.1	»

▲ 表示回数の数値が表示されます。

3 データを分析してアクセスアップを目指す

ある企業の調査結果では、検索結果のクリック率はおおよそ1位が34%以上、2位が17%、3位が11%となっており、下に行くほど低下します。

348	15,446	2.25%	7.7	»

上記のクエリの場合は、

クリック数：348
表示回数：15,446
CTR：2.25%
掲載順位：7.7

となっています。

もし仮にこのキーワードで2位表示させることができれば、筆者の経験から、

クリック数：7,000 以上
表示回数：15,446
CTR：20% 前後

上記の数値くらいまで上がることが予想できます。**クリック数が上がるので6,600～6,700PVのアクセスアップができます**。

さらに、このキーワードの掲載順位を1位にすることができれば、

クリック数：10,000 以上
表示回数：15,446
CTR：40% 前後

上記の数値くらいまで上がることが予想できます。**クリック数が上がるので10,000PVくらいのアクセスアップができます**。

ブログを開設したばかりのときは、アクセスが集まる記事を目指してどんどん量産していく必要がありますが、ある程度アクセスが集まってきたら、データの分析や検証をし、すでにある記事をさらにアクセスアップさせるための戦略を立てていくと、より収益化がかんたんになってきます。

22	407	5.41%	7.7	»

しかし、上記画面のように同じ7位の掲載順位のキーワードであっても、表示回数が少ないものもあります。検索順位が上がる可能性があったとしても、そこまで大きなクリック数は期待できないので、あまり意味がないと判断しましょう。このように、検索アナリティクスのデータから分析することで、さらに上位表示させるべきキーワードはどれであるのかという、明確な戦略を導き出すことができます。さらに順位を上げるために記事をボリュームアップさせたり、ライバルがまったく書いていないことをリサーチして書いたり、SNSから集客したりすることによって、順位アップを目指しましょう。

Google Search Consoleでほかにも知っておきたい機能

Google Search Consoleにはキャッシュを早めたり、分析したりするだけではなく、Googleから通知をしてもらうこともできます。たくさんの機能がありますが、全部を把握する必要はないので、知っておきたい機能を紹介します。

1 手動ペナルティを受けていないか確認する

以前までは、Googleから手動ペナルティを受けて、ブログが圏外に飛ばされてしまい、検索エンジンに表示されなくなってしまうことがありました。手動ペナルティとはブログ全体が検索エンジンに表示されなくなる、または一部のブログ記事が検索エンジンに表示されなくなってしまうペナルティのことです。現在のブログ運営者は価値あるコンテンツを提供しないといけないことをよく理解しているので、手動ペナルティを受けることも少なくなってきています。しかし、あまりにも価値の低い記事を書いていると手動ペナルティを受ける可能性があります。もし、ブログ記事が検索エンジンに表示されていないことがわかったときは、以下の方法で手動ペナルティを受けた可能性がないか確認するようにしましょう。

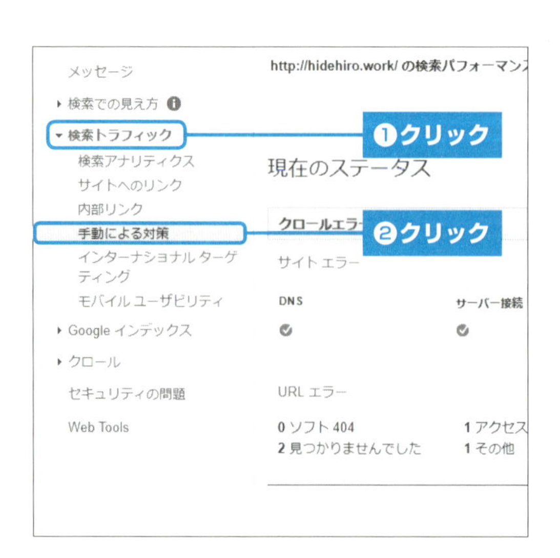

1 <検索トラフィック>をクリックして、<手動による対策>をクリックします。

もし「手動による対策」の項目にメッセージが表示されている場合は、メッセージに従って改善を行いましょう。何も表示されていない場合は問題ありません。詳しくは「ウェブマスター ツールでの手動によるウェブスパム対策の表示」（https://webmaster-ja.googleblog.com/2013/08/manual-actions-viewer.html）を参考にしてください。

なお、手動ペナルティを受けていないのに検索エンジンに表示されない可能性もあります。その理由として、Googleは定期的に検索エンジンのアルゴリズムの変更を行います。Googleがユーザーにより価値提供できると考える検索エンジンの順位表示を行うためです。それより場合によっては、順位が大きく下がってしまうこともあります。

▲ Googleのアルゴリズムにより掲載順位に変化が起きる可能性があります。

2 構造化データのエラー通知を設定する

構造化データにエラーがある場合は、通知を受け取ることができます。

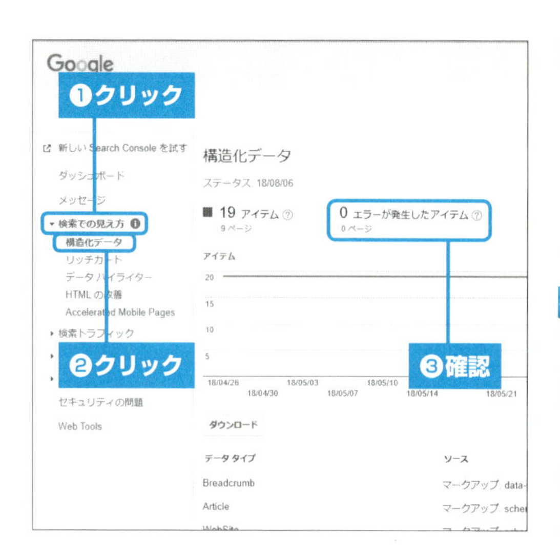

1 <検索での見え方>をクリックして、<構造化データ>をクリックします。エラーが発生したアイテムがある場合は、エラーを修正します。

Point エラーが表示された場合

エラーはWordPressテーマやブログサービス内で起こっている場合がほとんどなので、使用しているWordPressテーマやブログサービスを調べて、エラーの修正をしてください。

3 クローラーが取得することができなかったページを表示する

クローラーとは検索エンジンがWeb上のファイルを集めるプログラムです。クローラーが取得できていないページは、検索ページに表示されません。このデータを見てエラーがあるページはクローラーがデータを取得できるように対応することで、ページが検索されるようになります。

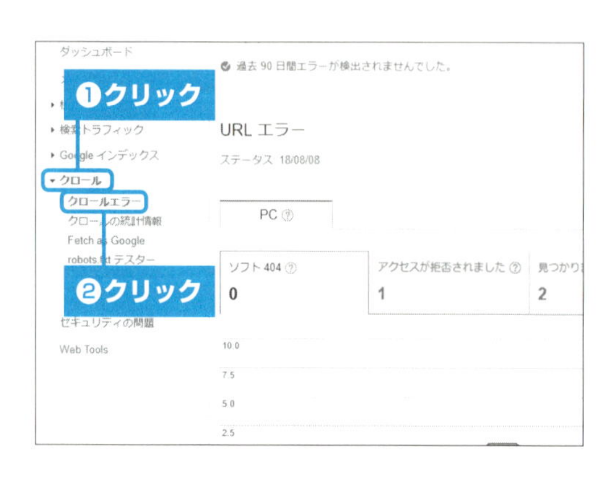

1 <クロール>をクリックして、<クロールエラー>をクリックします。もし記事や画像の表示などに関するエラーがある場合は修正しましょう。すでに削除した記事などもエラー表示される場合があるので、それらは無視しても大丈夫です。

4 新しいSearch Consoleを試す

メニューのいちばん上に<新しい Search Console を試す>というリンクがあります。これをクリックすると2018年10月現在では、試作の新しいSearch Consoleを使用することができます。新しいSearch Consoleでは、「ステータス」機能が便利です。この機能を使うことでブログのアクセス数、クリック数、検索順位、流入キーワードなどデータからブログの状態をさらに詳しく知ることができます。ぜひ、活用してみましょう。

Point Search Console の新旧について

2018年10月現在、新しいSearch Consoleでは、今までのSearch Consoleの機能がまだすべて使用できません。普段使う場合は、今までのSearch Consoleを利用し、詳しい分析が必要な場合は、新しいSearch Consoleを利用することをおすすめします。

Section 46 初月からSNSを利用してしっかりアクセスを集めよう

開設したばかりのブログはドメインが弱く、記事を書いても上位表示できない可能性が高いです。その援護射撃としてSNSをフル活用して、ドメインの弱いブログにもアクセスを集めるおすすめ方法を解説します。

1 楽天ソーシャルブックマーク

楽天ソーシャルブックマークは、あなたの書いたブログ記事をブックマークすることで、あなたのブログ記事が上位表示できなくても、代わりに上位表示してくれるいちばん利用価値が高いSNSです。まず、「楽天Social News」で検索するか「https://socialnews.rakuten.co.jp/」をURL欄に入力して、楽天Social Newsのサイトにアクセスしましょう。

1 ＜新規登録＞をクリックします。

2 3種類のログイン方法があるので、いずれかをクリックします。

3 ログインが完了したら、ブックマークしたい記事のURLを登録します。 右上の📝をクリックします。

4 ブックマークしたいブログのURLを入力します。入力欄以外の場所をクリックすると、URLが認識されます。<次へ>をクリックします。

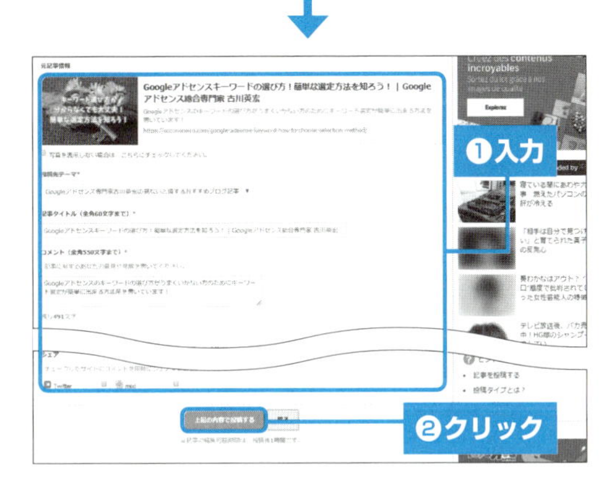

5 必要項目を入力して、<上記の内容で投稿する>をクリックするとブックマークが完了です。

◀ 楽天ソーシャルブックマークに登録することによって、検索エンジンで上位表示される可能性があるメリット以外にも、楽天 Social News の人気記事でエントリーされることで大きなアクセスが集まる可能性もあります。

2 はてなブックマーク

はてなブックマークは、オンライン上にお気に入りのブログや記事などをブックマークしておくことで、はてなブックマークにログインすると、自宅以外のパソコンやスマートフォンからでも自分がブックマークしたブログや記事を見ることができます。ほかの人のブックマークも見ることができて、新しい情報や話題になっている情報を効率よく見ることができるサービスです。さらに、はてなブックマークを上手に利用すると、**初心者のブログでも、大きなアクセスが集まることがよくあります**。

インターネットでさまざまな記事を見ていると、以下のようなことがよくあるかと思います。

- とても面白かった！
- すごく役に立ってよかった！
- この記事のおかげで疑問が解決！

はてなブックマークでは、ある記事をスマートフォンで見たときに、自宅のパソコンであとで見たいとか、「この記事を誰かのためにシェアしてあげたい!」とか、ほかにも良質な記事をみんなに教えてあげることができたり、逆に誰かがシェアしてくれた記事を見ることもできます。**自分のためにも、誰かのためにもシェアして作り上げていけるサービス**。それが、はてなブックマークです。

はてなブックマークされた（以下「はてブ」）記事は、**一定数の「はてブ」を集めると、はてなブックマークのトップページに掲載されます**。そして、その掲載された「はてブ」をはてなブックマークのトップページから見た人が、さらにあなたの記事にアクセスしてきて、あなたのブログがアクセスアップするというしくみです。こういう現象をSNSでは、**バズ**と呼びます。ドメインを強くすることは一気にはできませんが、はてなブックマークのトップページに掲載されるのは、**ドメイン強化よりずっとかんたんです**。はてなブックマークのトップページに掲載されるためには、数十～数百の「はてブ」が必要なのではなく、**3つ「はてブ」があればよい**ので、とてもかんたんです。

▲ はてなブックマーク
http://b.hatena.ne.jp/

新着エントリーを見てみると、中にはたくさん「はてブ」されている記事もありますが、少ない数でも掲載されています。新着エントリーのページに掲載され、誰かがあなたの記事をクリックし、あなたのブログにアクセスしてくれて、さらに気に入ってもらえれば、より多くの「はてブ」をしてもらえる可能性があります。はてブからアクセスしてくれる人は、普段からはてなブックマークを使っているユーザーなので、さらに「はてブ」してくれやすくなります。このようにして、新着エントリーに掲載されると、「はてブ」されたことで「はてブ」され、さらに上のランクのエントリーに掲載されることも可能です。

◉はてなブックマークの登録方法

Webブラウザで、「はてなブックマーク」で検索するか、「http://b.hatena.ne.jp/」をURL欄に入力して、はてなブックマークのサイトにアクセスしましょう。

1 ＜ユーザー登録（無料）＞をクリックします。

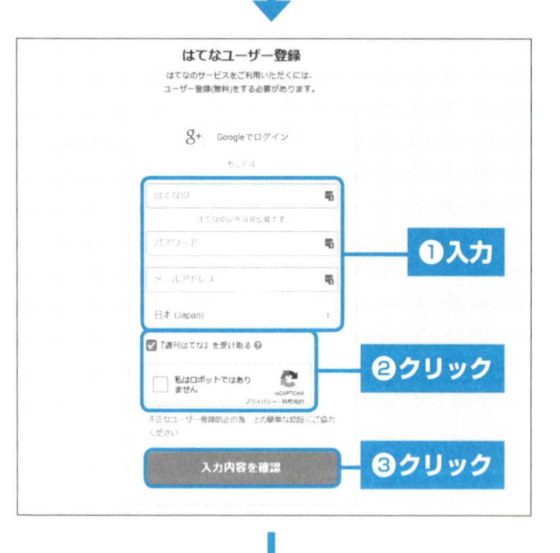

2 必要事項を入力し、必要に応じて「『週刊はてな』を受け取る」のチェックを外します。「私はロボットではありません」のチェックを入れて、＜入力内容を確認＞をクリックします。

3 「利用規約に同意する」と「成年であるか、親権者が同意する」にチェックを入れて、＜登録する＞をクリックします。

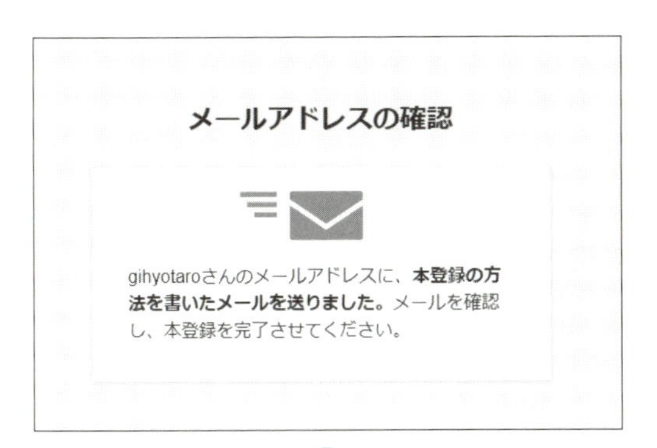

4 左の画面が表示されると仮登録が完了します。

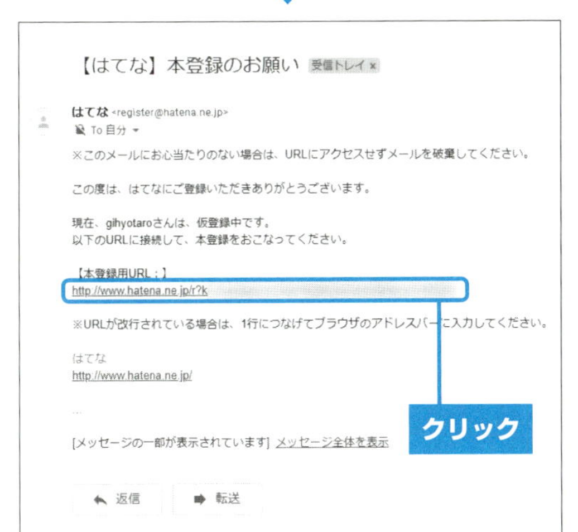

5 P.170手順**2**で入力したメールアドレスに本登録メールが届くので、メールを確認します。本登録用のURLをクリックします。

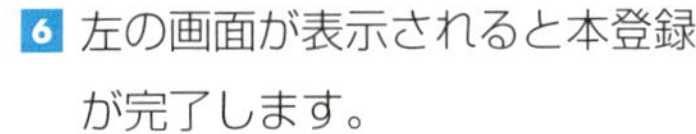

Gmail の場合

Gmailの場合は、本登録メールが「ソーシャル」フォルダに振り分けられているので、そちらを確認してください。

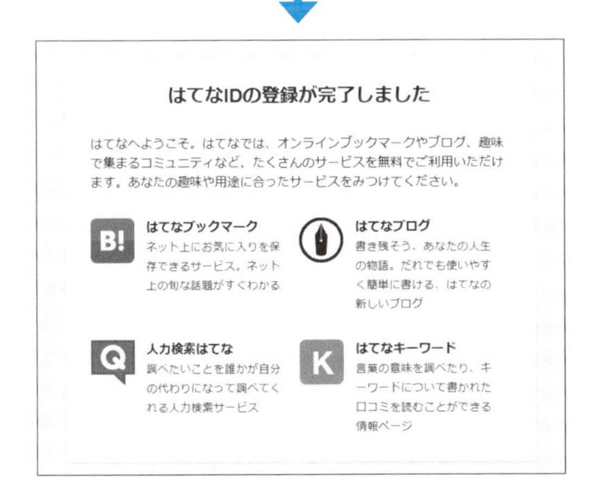

6 左の画面が表示されると本登録が完了します。

◉はてなブックマークの使い方

それでは実際にはてなブックマークの使い方を確認しましょう。

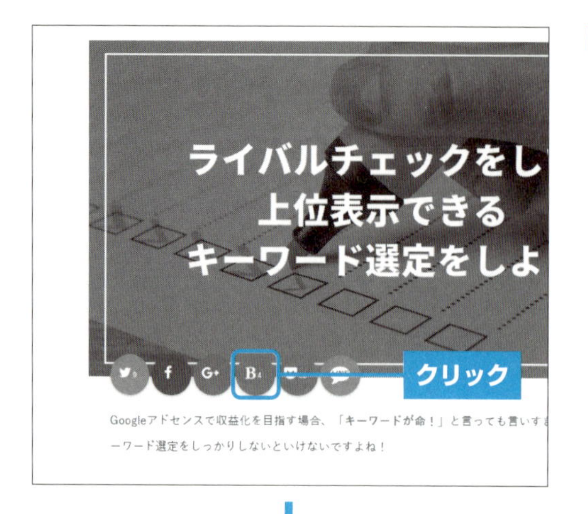

1 シェアボタンがあるブログの場合は、「B」と表示されているボタンがはてなブックマークのシェアボタンです。<B>をクリックします。

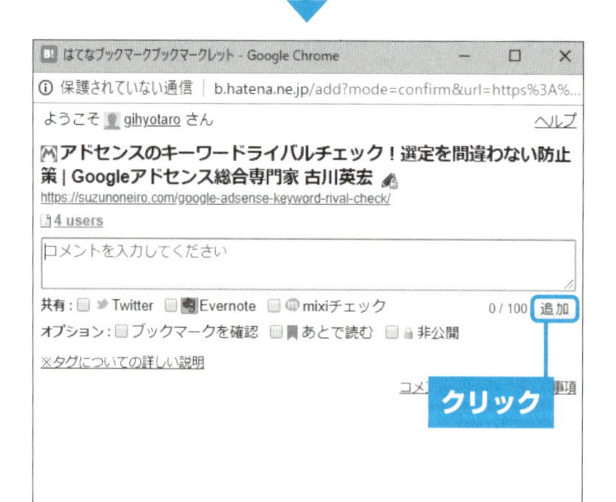

2 はてなブックマークにログインしている場合は自動で左の画面が表示されます。ログインされていない場合は、ログインをします。<追加>をクリックすると「はてブ」が完了します。コメントは入力してもしなくても問題ありません。

◉はてなブックマークのサイトから直接「はてブ」する

はてなブックマークのシェアボタンが見つからなかったり、ブログにない場合もあります。そのような場合は、はてなブックマークのサイトから直接「はてブ」する方法もあります。

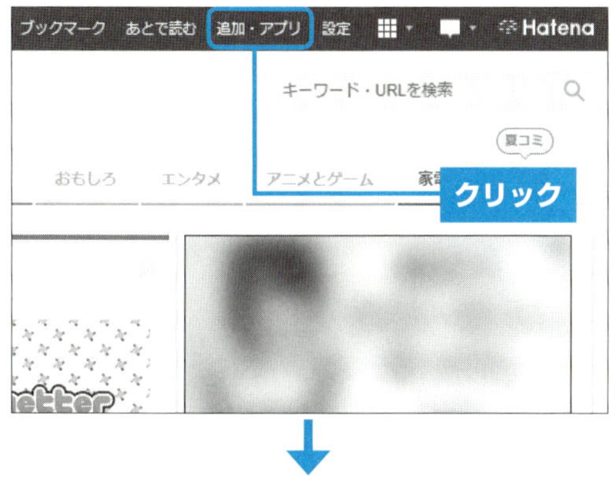

1 はてなブックマークにログインした状態で、<追加・アプリ>をクリックします。

2 「はてブ」する記事URLを入力して、<次へ>をクリックします。

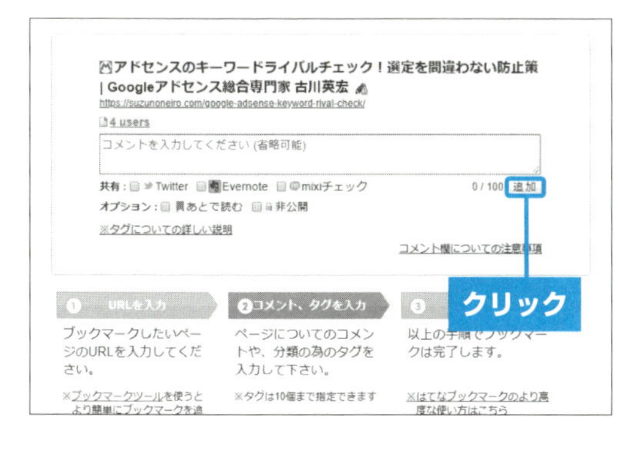

3 P.172手順2と同様に、<追加>をクリックします。

◉はてなブックマークでバズったときのエントリーランク

はてなブックマークには、エントリーされた数によってランクがあります。エントリーは、ブログ記事に最初の「はてブ」が付いてから、一定期間内が条件になります。**「ホットエントリー」に入ると、「総合ランキング」にも入り、さらにバズって大きなアクセスアップが期待できます。**

- 3つの「はてブ」が付くと「新着エントリー」に掲載される
- 10個の「はてブ」が付くと「人気エントリー」に掲載される
- 50個の「はてブ」が付くと「ホットエントリー」に掲載される

ただし、この数値はあくまで基準であり、3つの「はてブ」でも人気エントリーに入る場合もあり、**この数値が常に当てはまるということでありません。**「はてブ」が付いてからの一定期間内については、はてなブックマーク公式では発表されていませんが、おおよそ1日以内といわれています。筆者のブログでも1日で10個以上の「はてブ」が付いたときに人気エントリーに掲載されていました。つまり、3日とか1週間とかの期間が掛かってしまってはエントリーされないので、**1日以内に「はてブ」を3つ以上してもらう必要があります。**

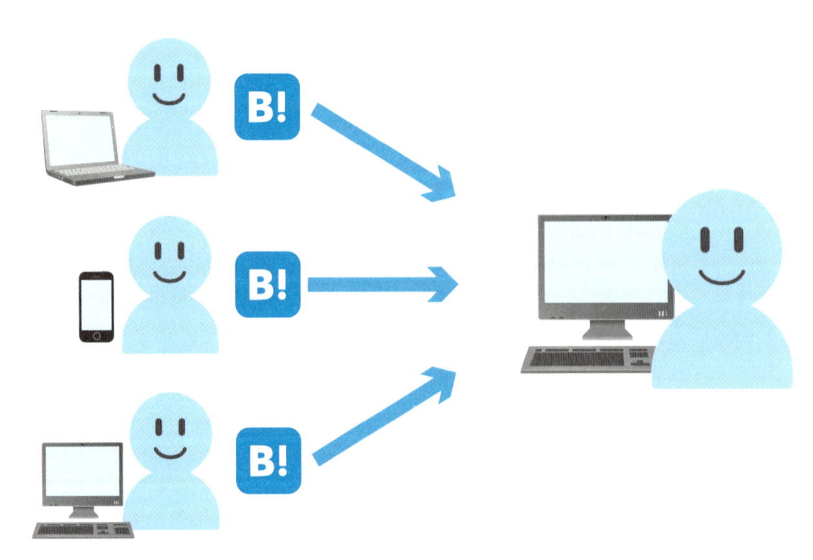

▲1日以内に「はてブ」が3つ以上付くと「新着エントリー」に掲載されます。

◉はてなブックマークはブログ価値を高めてくれる

はてなブックマークで、まずは3つ「はてブ」してもらって、新着エントリー入りを目指しましょう。50個の「はてブ」までいくと総合ランキング入りしたり、さらにはてなブックマーク公式アカウントがTwitterでツイートしてくれたりするので、さらにバズります。ここまでいけばブログのアクセスアップは当然ですが、「はてブ」されることによって、**ブックマークにはそれぞれ被リンク効果があるので、SEOの価値も高まります**。

記事単体以外にも、「はてブ」されることによって、ブログ全体の価値も高まります。ブログ全体の価値が高まったことによって、**検索エンジンでも上位表示されやすくなるという一石二鳥のスーパー効果があります**。被リンクは以前ほど強力な効果はなくなったとはいっても、たくさんの被リンクが集まれば、強力な効果を発揮できます。

このように初心者やアクセスがまったく集まっていないブログでも、「はてブ」さえしてもらえることができれば、さまざまな要因が重なって、突然バズってアクセスを集めることが可能です。

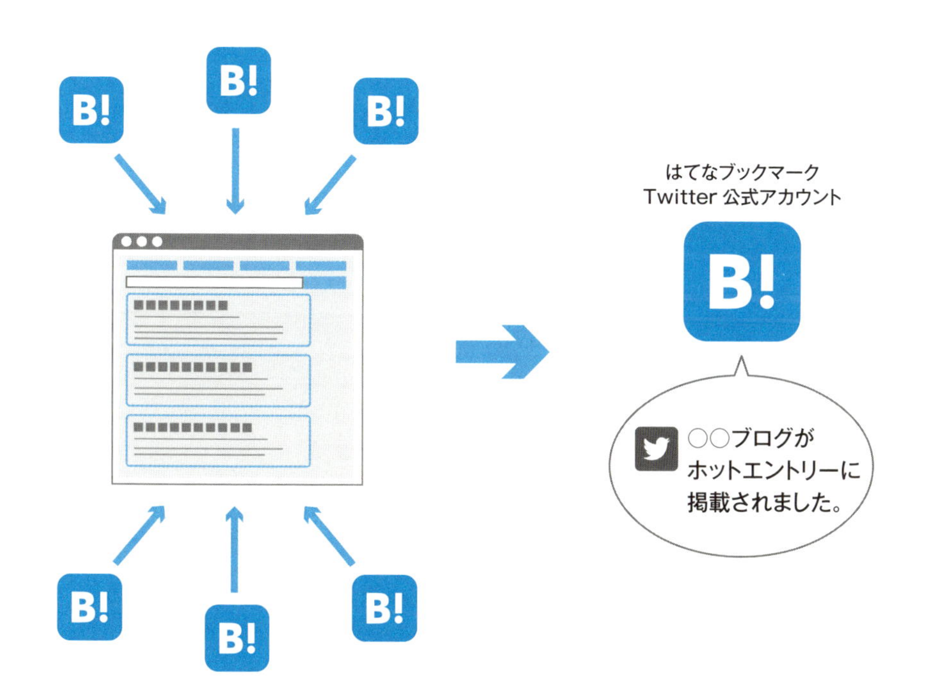

▲ さらにバズることでアクセスアップの相乗効果が期待できます。

3 そのほかのSNS

SNSには楽天ソーシャルブックマークやはてなブックマーク以外にもあります。

◉Twitter

Twitterは、「いいね!」、「コメント」、「リツイート」をしてもらうことによって拡散力がありますが、フォロワーがたくさんいることが前提になります。フォロワーが少ないと拡散される可能性が低いので、Twitterアカウントを持っているなら、ブログ記事更新ごとに記事内容をツイートしておく程度に考えておきましょう。しかし、Twitter検索やどこかからあなたのツイートした内容を見てもらえ、拡散が行われる可能性はあるので、軽視はしないほうがよいでしょう。

◉Facebookページ

Facebookページからもアクセスを集められる可能性はあるので、できればFacebookページを作成して、ブログ記事更新ごとに記事内容を投稿しておくとよいでしょう。

◀ Faceboook ページを作成して、個人の Facebook アカウントからシェアしましょう。

> **Point** アドセンス広告の設置された記事のFacebookの投稿は控える
>
> Facebookでは営利目的でタイムラインに投稿することは利用規約で禁止されています。アドセンス広告の設置された記事は営利目的に当たります。そこで営利目的が許可されているFacebookページを作成し、そちらに投稿しましょう。個人のFacebookとFacebookページは別物なので、絶対に間違えてはいけません。Facebookページに投稿した内容を個人のFacebookのタイムラインにシェアすることは問題ないので、Facebookのタイムラインに流したい場合は、必ずFacebookページに投稿したものを個人のFacebookにシェアするようにしましょう。

初心者がつまづきやすいNG集

Section 47 初心者がやってしまいがちなNG例を確認しよう

ブログを始めた初心者がやってしまいがちなことを筆者の過去の経験からまとめています。収益化すること以外にも重要なことをまとめているので、必ず目を通しておいてください。

1 何のためにブログを書いているか考える

初心者がやってしまいがちなことでよくある例として、好きなことや関心があることだけを記事にしてしまい、結局アクセスも集まらず収益化ができなくなることは本当によくあります。好きなことや関心があるだけを記事にしたい気持ちはわかりますが、まず原点に立ち戻ってみましょう。

あなたは、「ブログにアクセスを集めたい」「Googleアドセンスで収益化したい」からブログ運営をしたのではないはずです。**いちばんの根底にあるアドセンスを始めようと思ったきっかけは何か？　ということが大切です**。それはブログのアクセスアップやアドセンスで収益化ではなく、何か目標があってアドセンスをやってみようと思ったはずです。「今以上のお金がほしい」「パートに行かなくても収益を得たい」「会社の給料では満足できないから副業をやりたい」などいろいろな想いがあったからこそアドセンスをやってみようと思って始めているかと思います。

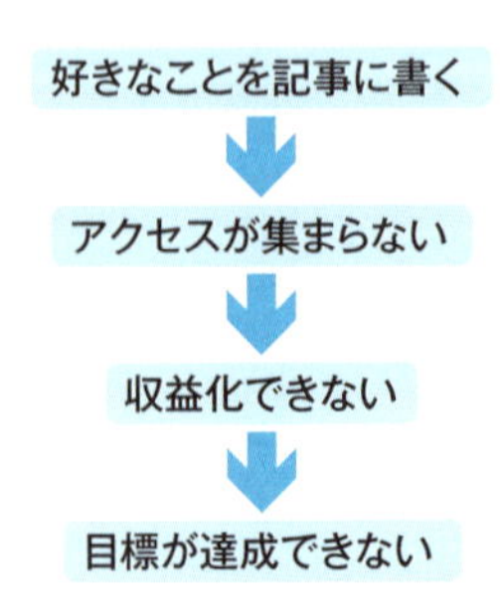

◀ 好きなことだけを記事にしてしまうと、収益に結びつかないことが多いです。

初心者では上記のようになってしまう人が多いです。

このようになってしまっているなら、まず発想を逆転させましょう。

目標を達成できる収益を得る

その収益を達成できるアクセスを集める

アクセスがたくさん集まる記事を書く

アクセスを集めるためのネタやキーワードを選定する

▲目標を設定してから記事を書くと、収益に結びつきやすいです。

あなたの目標を達成するために、好きなことや関心のある記事だけを書くのではなく、収益化できる記事を書きましょう。そのためには、アクセスが集まるネタやキーワードとはどんなものか？　どんな記事がアクセス需要が多く、アクセスの母数が大きいかを考えて、ネタやキーワード選定をしていく必要があります。**記事を書くこと、収益化することが目的ではなく、アドセンスであなたの目標を達成することが目的であることを認識しましょう。**

2 収益化を目指すメインブログに集中する

Googleアドセンスを始める前にブログ運営をされていた人の中には、「アドセンスを始める用のドメインを取得して、そのブログも書いているけれど、前に運営していたブログも書いている。その理由は前に運営していたブログを急に辞めるわけにはいかないから」という人がいます。もし前に運営していたブログでしっかり収益が上がっていて大切にしているなら話は別ですが、ほとんど収益が上がっていないなら、どちらのブログに力を注ぐほうが、収益化ができるのかよく考えましょう。単純に「運営しているブログを急に辞めるわけにはいかない」だけの理由の場合、大切にしているブログかもしれませんが、時間は有限なので戻ることはありません。初心者がいきなり2つのブログを運営していくのは相当厳しいです。まずは収益化できるブログに力を注ぎましょう。

Section 48

読者にとって有益なブログを目指そう

ブログ運営をしていくうえで、読者にとって有益なブログであるかどうかは、アクセス数に非常に大きく影響します。ときには読者の視点になってブログを見直したり、以前の記事の新情報があれば追記をしたりしましょう。

1 読者観視点でコンテンツが本当に見やすいかチェックする

ブログ運営をしていると、あなた1人の視点で記事を書くことがほとんどだと思います。しかし、思っている以上に自分だけの視点は客観的ではありません。ときには家族や友人などにブログを見てもらうことで、あなた自身ではまったく気付くことができなかったことを指摘してもらえることがあります。そのほかに、自分では大丈夫だと思っていたデザインが他人に見てもらうとセンスが悪かったり、色合いがきつく目が痛いデザインだったりすることがあります。デザインや色合いなどにも気を配り、シンプルイズベストという言葉があるように、できるだけシンプルにし、あまり余計なものは設置しないようにしましょう。

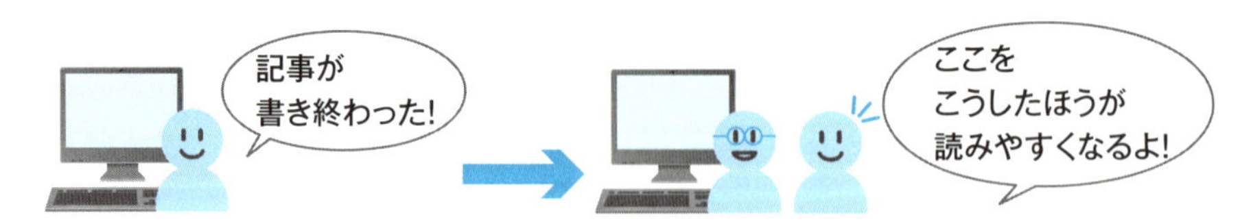

▲ 家族や友人にブログを見てもらうことで、気付くことがあります。

2 新しい情報があれば追記する

記事によっては不確かな情報を書く必要がある場合があります。また記事を更新してから新情報が出てくる場合もあります。記事を更新したあとは、まったくほったらかしにするのではなく、新しい情報を追記できるのであれば、必ず追記していきましょう。ほかの人が書いた似たような記事があっても、あなただけが新情報を書いていれば、Googleがそのようなところも評価対象にして順位を上げてくれることもあります。

機械的にキーワードを選定しないよう気を付けよう

アドセンスで収益を得るには、キーワード選定が非常に重要になってきます。しかし、機械的に行っていると、キーワード選定が後々できなくなってしまう可能性があります。読者の立場になって、検索意図を考えましょう。

1 アクセスが集まらないときはキーワード選定を誤っている可能性が高い

アドセンスの収益化は、キーワード選定が命であるといってもいい過ぎではありません。最初はキーワード選定がうまくできないこともよくあると思いますが、何度も繰り返し記事を書いて慣れてくるとキーワード選定ができるようになっていきます。しかし、ある程度のアクセスが集まってくると、あなたなりのキーワードのパターンが出来上がり、無意識にそこばかりにこだわってしまいます。結果的に「よいキーワードがない」と思うようになり、よいキーワードがないということはよいネタがないということにつながってしまいます。よいネタもキーワードも選定できなくなるとモチベーションも下がっていき、さらに悪循環に陥ります。この原因は、キーワード選定が機械的になっていることがほとんどです。

検索している読者は、自分自身の調べたいことをインターネットで調べるだけです。つまり、しっかり読者の検索意図を考えられているか？　がとても重要になってきます。たとえば、「ライブ会場にどうしても車で行きたいけれど、会場近くの駐車場に車が停められるかが心配で、少し離れたところでもよいので確実に駐車できる駐車場はないかな?」という人のために穴場の駐車場の記事を書いておくことで記事は必ず見られます。このような情報はライブ会場の公式サイトを見ても間違いなくありません。あるアーティストのライブに関する記事を書く場合、それに関係するキーワードを調べても使えそうなキーワードがなく、「よいキーワードがない」と諦めるのではなく、しっかり検索意図を考えてキーワード選定をする必要があります。しかもこの記事の場合、アーティストに関係なく、そのライブ会場に来る全員の人たちに見てもらえる可能性が高いです。このように「読者がどう思うか?」が重要であり、検索意図をしっかり把握できる人は、必然的にアクセスが集まり、いつの間にか収益化ができてしまいます。

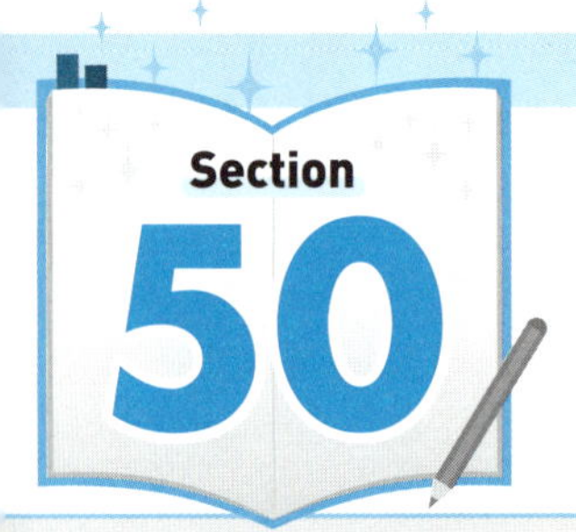

Section 50 画像の無断利用に注意！

ブログの記事を書くうえで、インターネット上の画像を利用したいことも出てくるかと思います。しかし、画像には著作権や肖像権があるので、無断で使用することはできません。そのような場合は無料の画像素材サイトを利用しましょう。

1 無断で画像をブログ記事に使用してはいけない

自分で撮影した画像以外を使用する場合、**インターネットで検索して保存した画像を無断でブログ記事に使用することはNGです**。たとえば「パソコン　女性」と画像検索して、表示された画像を保存して使用するようなことです。著作権や肖像権の侵害で警告を受けることも少なくはありません。最悪の場合、刑罰や罰金を受けることもありますので、無断で使用することは絶対にやめましょう。

下記に筆者おすすめの無料画像素材サイトを紹介しているので、以下から画像をダウンロードして使用してください。

総合的なおすすめ無料画像素材サイト「Pixabay」
URL https://pixabay.com/ja/

日本人モデルの無料画像素材サイト「ぱくたそ」
URL https://www.pakutaso.com/

イラスト無料画像素材サイト「イラストAC」
URL https://www.ac-illust.com/

WordPressの設定

みんながなぜWordPressを使っているのか知ろう

本書では、できる限りWordPressでブログ運営をすることをおすすめしています。なぜブログ運営をしているほとんどの人がWordPressを使用しており、WordPressがどれだけブログ運営で効果的なのかということを知っておきましょう。

1 無料ブログにはWordPressにある便利機能がない

WordPressでは、SEOの効果のあるWordPressテーマを使用することができ、プラグインという便利な機能がたくさん使えます。プラグインとは拡張機能のことで、**ゲームでたとえるならば、あなたに必要な強い武器や防具で装備を固めて戦いに挑めるというようなイメージをしてもらうとわかりやすいと思います。**

サーバーと契約する必要のない無料ブログサービスでは、SEOの効果が低く、拡張機能もないため、丸裸で竹やりだけを持って戦っているようなものです。ライバルとなる有料ブログの人たちが研ぎ澄まされた剣、強固な盾、重厚な鎧を身に付けて、強い装備で戦場にいるところに、竹やりだけを持って特攻しても勝機を見出すのは難しいでしょう。だからこそ、WordPressを使用して最低限同じ土俵に立ったほうがよいのです。

2 無料ブログサービスのデメリット

WordPressを使用しない場合、無料ブログサービスにはほかにもデメリットはあります。

- デザインのカスタマイズが容易でない
- 細かい設定がしたくてもできない
- 苦労して設定したのに、仕様変更でもとに戻ってしまいデザインが崩れる
- メンテナンスでしばらく使えなくなる可能性がある
- もしかするとブログサービスが突然終了するかもしれない

さらに、各章で解説したノウハウ通りに実行したとしても、使用する無料ブログサービスによっては、収益化を含め実現できないことも出てきてしまいます。とくにWordPressを使用しない場合、プラグインが使えないために、おすすめしている広告配置の設置はかなり厳しいと思います。一方、WordPressを使用すると無料ブログサービスのようなデメリットはありません。SEO効果も高まるので上位表示も狙いやすく、豊富にある必要なプラグインも使えます。

3 WordPressを始める前に

WordPressは、一見すると敷居が高いように思うかもしれません。しかし、手順通りに進めていけば誰でもWordPressでブログを始められます。WordPressを始めるにはサーバーが必要になりますので契約をしましょう。

初期費用として、
- レンタルサーバーの初期費用 3,240 円（税込）
- レンタルサーバー月額料金 1,296 円（税込）×最低 3 か月分
- ドメイン取得料金が年間 1,620 円（税込）

※ 2018 年 10 月現在

上記の合計8,748 円（税込）が最低でも、WordPress開設の際に費用としてかかります。ちなみに、あとで解説するドメインプレゼントキャンペーン実施期間に契約することができれば、7,128円（税込）がWordPress開設費用となります。初期費用はかかりますが、それさえクリアすれば月々 1,000円くらいでサーバーが使用できます。

Point WordPressの利用はGoogleも推奨している

Googleの検索エンジンを開発する部門の責任者マット・カッツ（Matt Cutts）氏は、WordPressがGoogle検索におけるSEOに効果があることを公認しています。ちなみにこのマット・カッツ氏は、Search Quality group（検索品質グループ）という、Google検索の検索結果順位を扱う部門の中のスパム対策チームのリーダーであり、SEOの専門家でもあります。このことから、アクセスをたくさん集めないといけないアドセンスブログの運営では、Googleも公認しているWordPressを使わない理由が見つかりません。

サーバーを契約してWordPressが使えるようにしよう

WordPressを使用するために必要になるサーバーと契約をしましょう。そしてWordPressにログインできるようになるところまで落ち着いて作業していきましょう。わからない場合は本書の書籍購入者様限定公開ページを参考に操作してください。

1 エックスサーバーと契約する

レンタルサーバーには、ロリポップやさくらサーバーなど、さまざまなサーバーがありますが、筆者としてはエックスサーバー（https://www.xserver.ne.jp/）がいちばんおすすめです。多くの企業サイト、プロブロガーがエックスサーバーを好んで使うのには下記の5つの理由があります。

- 安定してつながりやすい
- サイトの表示速度が速い
- 大量のアクセスが集まってもダウンしにくい
- 問題が発生しにくい
- 何か起きてもサポート対応が迅速

コストを抑えるため、最初に安いサーバーを選ぶと、問題が起こって使いにくく、結局エックスサーバーに引っ越しをする人がとても多いことが現状です。なので、安心してブログを運営することに集中できるエックスサーバーをおすすめします。

2 ドメインプレゼントキャンペーンの実施期間を利用する

エックスサーバーでは、1年を通じて何回かドメインプレゼントキャンペーンというキャンペーンをやっています。このキャンペーンを使うと、ドメイン取得の際に必要な料金が一切かからなくなります。

基本的に年間契約で料金が発生するドメインが、このキャンペーンを使うとエックスサーバーとサーバー契約をしている限り、ずっと年間使用料が無料なのでとてもお得です。ぜひこのキャンペーンの実施期間中に契約をしたいものですが、タイミングによっては、このキャンペーン実施期間でない場合もありますのでご注意ください。

3 書籍購入者様限定公開ページにアクセスする

書籍に書いてある通りに作業をしてみても、書かれている内容がどこのことなのか、書かれている通りにやってみてもできないなどの問題が発生する恐れがあります。そのような問題が起こってしまうと作業が中断してしまいます。そこで、書籍購入者様限定の解説ページを作成しました。動画を使って詳しく解説していますので、そちらにアクセスしてサーバー契約からWordPressの初期設定、プラグインの設定など、落ち着いて確実に操作しましょう。また、本書で紹介している広告設定の際のコードも、このサイトからコピーできます。

書籍購入者様限定公開ページ
URL https://suzunoneiro.com/book/

付録

03 WordPressテーマでブログをカスタマイズしよう

WordPressには、見映えのよいWordPressテーマというブログデザインが用意されています。WordPress内にあるデフォルトのテーマを使用するよりも、これからのブログ運営で使いやすいもの紹介します。

1 2つのおすすめWordPressテーマ

WordPressテーマを使用しないと本来のWordPressの機能は使いきれません。WordPressテーマは、世界中で有料・無料のものが存在し、初心者では、どれをインストールするべきかわからないと思います。どんなWordPressテーマをインストールするにしても、シンプルで使いやすいテーマが長く使うにはいちばんよいです。そこで、筆者のおすすめするテーマは以下の2つです。

- 有料 WordPress テーマ　ELEPHANT
- 無料 WordPress テーマ　Giraffe

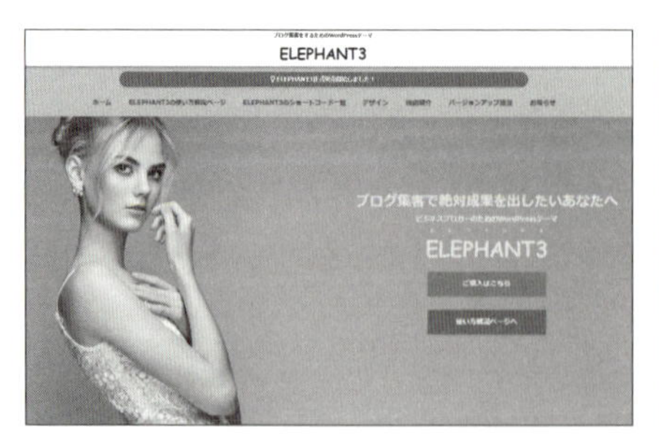

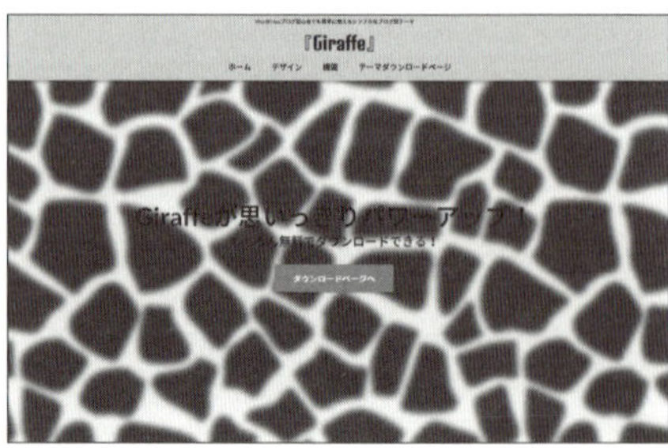

▲ 左の画面が「ELEPHANT」で、右の画面が「Giraffe」のダウンロードページです。

「Giraffe」は無料WordPressテーマなので、「ELEPHANT」よりはWordPressテーマの性能は落ちますが、「Giraffe」は「ELEPHANT」のもとになったテーマなので、無料の中でもかなりよいテーマであり、安心して使うことができます。

2 ELEPHANTやGiraffeをおすすめする5つの理由

たくさんの無料のテーマがある中で、ELEPHANTやGiraffeをおすすめする明確な理由があります。

- 人気の無料 WordPress テーマ「STINGER」がベースになっている
- SEO 対策済である
- シンプルな 2 カラムのテーマでデザインが美しい
- 初心者でも難しいカスタマイズが必要ない
- 必要に応じて更新される

ELEPHANTやGiraffeは、STINGERという有名な無料WordPressのテーマがベースになっています。初心者でも迷うことなく使いやすい工夫がされていて、シンプルでとても使いやすいので、成果を出しやすいWordPressテーマです。

ELEPHANTの購入やGiraffeのダウンロードおよび設定は、書籍購入者様限定公開ページにアクセスをしてください。そちらで動画を使って詳しく解説しています。プラグインの導入、外観のカスタマイズも書籍購入者様限定公開ページで動画を使って解説しています。すべて終えて世界に1つしかないあなたらしいブログにデザインしてみてください。

◀ 書籍購入者様限定公開ページでは、動画のよる WordPress の設定方法やカスタマイズについての解説をしています。左の画面は「Giraffe のカスタマイズ」についての解説をしています。

Index
索引

数字・アルファベット

あ行

か行

さ行

た行

な・は行

ま・や・ら行

● 編集／DTP……………………………リンクアップ
● 本文デザイン ……………………………リンクアップ
● カバーデザイン …………………………クオルデザイン　坂本真一郎
● 担当 ………………………………………伊藤 鮎（技術評論社）
● 技術評論社 Web ページ …………………http://book.gihyo.jp

■問い合わせについて
本書の内容に関するご質問は、下記の宛先までFAXまたは書面にてお送りください。なお電話によるご質問、および本書に記載されている内容以外の事柄に関するご質問にはお答えできかねます。あらかじめご了承ください。

〒162-0846
東京都新宿区市谷左内町21-13
株式会社技術評論社　書籍編集部
「最短で収益を得るためのGoogleアドセンス攻略ガイドブック」質問係
FAX：03-3513-6167

※ご質問の際に記載いただいた個人情報は、ご質問の返答以外の目的には使用いたしません。
また、ご質問の返答後は速やかに破棄させていただきます。

最短で収益を得るための Googleアドセンス攻略ガイドブック

2018年12月6日　初版　第1刷発行

著者　古川 英宏
発行者　片岡 巌
発行所　株式会社技術評論社
東京都新宿区市谷左内町21-13
電話：03-3513-6150　販売促進部
03-3513-6160　書籍編集部
印刷／製本　日経印刷株式会社

定価はカバーに表示してあります。

造本には細心の注意を払っておりますが、万一、乱丁（ページの乱れ）や落丁（ページの抜け）がございましたら、小社販売促進部までお送りください。送料小社負担にてお取り替えいたします。

ISBN978-4-297-10126-8 C3055

Printed in Japan